工业和信息化人才培养规划教材　高职高专计算机系列

动态网页设计与制作
——HTML+CSS+JavaScript

（第2版）

吴以欣　陈小宁 ◎ 编著

Dynamic Web Design and Develop

人民邮电出版社

北京

图书在版编目（CIP）数据

动态网页设计与制作：HTML+CSS+JavaScript / 吴以欣，陈小宁编著. -- 2版. -- 北京：人民邮电出版社，2013.2（2018.9重印）
工业和信息化人才培养规划教材. 高职高专计算机系列
ISBN 978-7-115-28357-3

Ⅰ. ①动… Ⅱ. ①吴… ②陈… Ⅲ. ①超文本标记语言－程序设计－高等职业教育－教材②网页制作工具－高等职业教育－教材③JAVA语言－程序设计－高等职业教育－教材 Ⅳ. ①TP312②TP393.092

中国版本图书馆CIP数据核字(2012)第172743号

内 容 提 要

本书全面系统地介绍了用HTML、CSS和JavaScript制作网页的编程技术及方法。全书主要分为4大部分：HTML基础、CSS基础和实用技巧、JavaScript的基本编程方法和实用技巧以及综合实训项目。读者通过本书的学习，可以制作出自己的动态网页，全面提高自己网页设计的基础知识和基本技能。

本书可以作为多媒体技术专业的专业技术课程用书，也可以作为一般网页制作人员的自学用书。

♦ 编　著　吴以欣　陈小宁
　责任编辑　王　威
♦ 人民邮电出版社出版发行　北京市丰台区成寿寺路11号
　邮编　100164　电子邮件　315@ptpress.com.cn
　网址　http://www.ptpress.com.cn
　北京九州迅驰传媒文化有限公司印刷
♦ 开本：787×1092　1/16
　印张：16.25　　　　　　　2013年2月第2版
　字数：414千字　　　　　　2018年9月北京第11次印刷

ISBN 978-7-115-28357-3
定价：34.00元
读者服务热线：(010)81055256　印装质量热线：(010)81055316
反盗版热线：(010)81055315

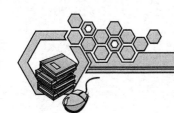

前言

早期的 HTML 版本，几乎涵盖了网页设计的全部内容，因为在网页的设计中，网页的内容和排版都是通过 HTML 文档一次成型的。但是，实际上网页的排版布局可以千变万化，因此，当需要改变网页的布局时，就必须大量地修改 HTML 文档，这给网页的设计开发带来了很多不便。

从 HTML4.0 开始，为了简化程序的开发，HTML 已经尽量将"网页的内容结构"与"网页的排版布局"分开。它的主要原则是，用标签元素描述网页的内容结构；用 CSS 描述网页的排版布局；用 JavaScript 描述网页的事件处理，即鼠标或键盘在网页元素上动作后的程序。

由此可知，网页制作的基本语言是 HTML，网页排版布局的基本技术是 CSS，开发动态网页的关键是 JavaScript 技术的应用，全面掌握这 3 项技术是动态网页开发与设计的基础。

本书主要分为 4 大部分。

第 1 部分主要介绍了 HTML 基础（第 1 章）；

第 2 部分主要介绍了 CSS 基础和实用技巧（第 2 章和第 3 章）；

第 3 部分主要介绍了 JavaScript 的基本编程方法和实用技巧（第 4~9 章）；

第 4 部分是 HTML、CSS 和 JavaScript 的综合实训项目（第 10 章）。

本书由浅入深，配有大量示例，所有示例都可用于当前最为流行的两大浏览器——Microsoft Internet Explorer 浏览器和 Mozilla 的 Firefox 浏览器的较高级版本。

本书不仅全面介绍了 HTML、CSS 和 JavaScript 的基本编程技术，而且还将网页设计的常用技巧，如网页两列/三列排版技术、菜单制作技术、图像叠加技术以及运用 JavaScript 动态改变网页内容等技术也进行了介绍。

本书的大部分示例为作者在工作中的实际应用，所有示例均经过验证。计划学时为 54 小时，如果能增加实验室上机实训，将会取得更好的效果。读者通过本书的学习及大量的示例和实训项目的练习，可以很快地运用 HTML、CSS 和 JavaScript 进行网页动态设计。

作者电子邮件地址是 syndia_wu@yahoo.com。欢迎读者提出建议和意见。

编者
2012 年 5 月

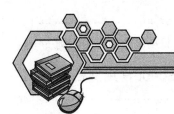

目 录

第 1 章 HTML 基础 ... 1

1.1 HTML 简介 ... 1
    1.1.1 网页与 HTML ... 1
    1.1.2 编写及显示 HTML 文件 ... 3
    1.1.3 标签、元素和属性 ... 5
1.2 HTML 常用元素 ... 7
    1.2.1 基本结构元素 ... 7
    1.2.2 常用块元素 ... 7
    1.2.3 常用列表元素 ... 12
    1.2.4 常用表格元素 ... 14
    1.2.5 常用行元素 ... 17
    1.2.6 表单元素 ... 25
    1.2.7 一些特殊元素 ... 31

第 2 章 CSS 基础 ... 34

2.1 CSS 简介 ... 34
2.2 CSS 的基本语法 ... 35
    2.2.1 样式和样式表 ... 35
    2.2.2 CSS 中的颜色和长度定义 ... 36
    2.2.3 常用的样式属性 ... 37
    2.2.4 定义样式表 ... 45
    2.2.5 内部样式表和外部样式表 ... 51
    2.2.6 层叠式应用规则 ... 52

第 3 章 CSS 实用技巧 ... 53

3.1 CSS 的常用技巧 ... 53
    3.1.1 网页内容的居中对齐 ... 54
    3.1.2 网页内容的隐藏与显示 ... 56
    3.1.3 方框长度的计算 ... 56
    3.1.4 圆角边框 ... 57
    3.1.5 图片 ... 58
    3.1.6 定义外部样式表的选项 ... 61
3.2 CSS 用于网页布局设计 ... 63
3.3 CSS 用于菜单设计 ... 66
3.4 CSS 其他设计原则 ... 74

第 4 章 JavaScript 简介 ... 76

4.1 什么是 JavaScript ... 76
    4.1.1 JavaScript 的发展历史 ... 76
    4.1.2 JavaScript 的特点 ... 77
    4.1.3 JavaScript 的作用 ... 79
4.2 编辑与调试 JavaScript ... 82
4.3 第一个 JavaScript 示例 ... 84
    4.3.1 编写 JavaScript ... 84
    4.3.2 运行 JavaScript 程序 ... 86
    4.3.3 调试 JavaScript 程序 ... 87

第 5 章 JavaScript 编程基础 ... 89

5.1 数据类型及变量 ... 89
    5.1.1 数据类型 ... 89
    5.1.2 常量与变量 ... 90
5.2 表达式与运算符 ... 93
    5.2.1 表达式 ... 93
    5.2.2 运算符 ... 93
5.3 基本语句 ... 98
    5.3.1 注释语句 ... 98
    5.3.2 赋值语句 ... 99
    5.3.3 流程控制语句 ... 99
5.4 函数 ... 104
    5.4.1 定义函数 ... 106
    5.4.2 使用函数 ... 106
    5.4.3 函数的参数 ... 106
5.5 对象 ... 108
    5.5.1 什么是对象 ... 108

5.5.2　定义对象 …………… 110
　　　5.5.3　使用对象 …………… 111
　5.6　事件及事件处理程序 ……… 112
　　　5.6.1　网页中的事件 ………… 113
　　　5.6.2　用 JavaScript 处理事件 … 114

第 6 章　JavaScript 常用内置对象 …………………… 116

　6.1　数组（Array）对象 ………… 116
　　　6.1.1　新建数组 …………… 116
　　　6.1.2　数组中的序列号 ……… 117
　　　6.1.3　引用数组元素 ………… 117
　　　6.1.4　动态数组 …………… 117
　　　6.1.5　数组对象的常用属性和方法 …………………… 117
　　　6.1.6　排序数组 …………… 118
　　　6.1.7　联合数组 …………… 121
　6.2　字符串（String）对象 ……… 122
　　　6.2.1　使用字符串对象 ……… 122
　　　6.2.2　字符串相加 …………… 122
　　　6.2.3　在字符串中使用单引号、双引号及其他特殊字符 …… 122
　　　6.2.4　比较字符串是否相等 … 123
　　　6.2.5　字符串与整数、浮点数之间的转换 …………… 123
　　　6.2.6　字符串对象的属性和方法 …………………… 124
　　　6.2.7　字符串对象的应用实例 …………………… 125
　6.3　数学（Math）对象 ………… 130
　　　6.3.1　使用数学对象 ………… 130
　　　6.3.2　数学对象的属性和方法 …………………… 130
　　　6.3.3　特殊的常数和函数 …… 131
　　　6.3.4　格式化数字 …………… 132
　　　6.3.5　产生随机数 …………… 134
　　　6.3.6　数学对象的应用实例 … 134
　6.4　日期（Date）对象 ………… 139
　　　6.4.1　新建日期 …………… 139
　　　6.4.2　日期对象的属性和方法 …………………… 139
　　　6.4.3　日期对象的应用实例 … 141

第 7 章　JavaScript 常用文档对象 …………………… 146

　7.1　文档对象结构 ……………… 146
　　　7.1.1　文档对象的结点树 …… 148
　　　7.1.2　得到文档对象中元素对象的一般方法 ………… 149
　7.2　文档对象 …………………… 150
　　　7.2.1　文档对象的属性和方法 …………………… 150
　　　7.2.2　文档对象的 cookie 属性 …………………… 152
　　　7.2.3　表单（form）及其控件元素对象 …………… 154
　　　7.2.4　链接（link）对象 …… 164
　　　7.2.5　图像（image）对象 … 165
　7.3　动态改变网页内容和样式 … 169
　　　7.3.1　动态改变网页内容 …… 169
　　　7.3.2　动态改变网页样式 …… 171

第 8 章　JavaScript 其他常用窗口对象 …………………… 175

　8.1　屏幕（screen）对象 ……… 175
　8.2　浏览器信息（navigator）对象 …………………… 176
　8.3　窗口（window）对象 ……… 177
　　　8.3.1　窗口对象的常用属性和方法 …………………… 178
　　　8.3.2　多窗口控制 …………… 179
　　　8.3.3　输入输出信息 ………… 185
　8.4　网址（location）对象 …… 186
　　　8.4.1　网址对象的常用属性和方法 …………………… 186
　　　8.4.2　网址对象的应用实例 … 187
　8.5　历史记录（history）对象 … 188
　　　8.5.1　历史对象的常用属性和方法 …………………… 188
　　　8.5.2　历史对象的应用实例 … 189

8.6 框架（frame）对象 ………… 190
 8.6.1 框架对象的常用属性和
   方法 ………… 190
 8.6.2 框架对象的应用实例 ….. 190

第9章 JavaScript 实用技巧 ……… 199

9.1 建立函数库 ………… 199
9.2 识别浏览器的方法 ………… 204
9.3 校验用户输入 ………… 205
9.4 弹出窗口 ………… 208
 9.4.1 一般的弹出窗口 ………… 208
 9.4.2 对话框式的弹出窗口 …… 208
 9.4.3 窗口中的"窗口" ……… 211
9.5 下拉菜单 ………… 213
9.6 事件冒泡处理 ………… 217
9.7 动画技术 ………… 218
 9.7.1 动画网页对象的内容 …… 218
 9.7.2 动画网页对象的尺寸 …… 219
 9.7.3 动画网页对象的位置 …… 220

第10章 实训项目 ………… 224

10.1 "第1章 HTML 基础"
   实训 ………… 224
10.2 "第2章 CSS 基础"实训 .. 227
10.3 "第3章 CSS 实用技巧"
   实训 ………… 230
10.4 "第4章 JavaScript 简介"
   实训 ………… 232
10.5 "第5章 JavaScript 编程基础"
   实训 ………… 233
10.6 "第6章 JavaScript 常用内置
   对象"实训 ………… 238
10.7 "第7章 JavaScript 常用文档
   对象"实训 ………… 243
10.8 "第8章 JavaScript 其他常用
   窗口对象"实训 ………… 248
10.9 "第9章 JavaScript 实用技巧"
   实训 ………… 251

第 1 章 HTML 基础

本章主要内容：
- HTML 简介
- HTML 常用元素

1.1 HTML 简介

1.1.1 网页与HTML

当通过 Internet 浏览网页时，会看到各种文字信息、链接、图表、图片等内容，如图 1-1 所示。浏览器是如何显示这些网页内容呢？首先，让我们通过浏览器查看这些网页的源代码，如图 1-2 所示，这些源代码就是浏览器可以"理解"的一种计算机语言——HTML。

图 1-1　网页效果

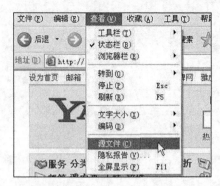

```
<figure class="logo lf">
<h1 class="hidden_title">中国雅虎</h1>
<a href="http://cn.yahoo.com/" name="ycnhp/logo/1"><img src="http://cn.yimg.com/yhp/20100208/yahoologo.png"
 alt="中国雅虎" /></a>
</figure>
<div class="schbox lf">
<ul class="sbar fix">
<li class="on"><a href="http://www.yahoo.cn/" target="_blank" name="ycnhp/search/1">网页</a></li>
<li><a href="http://image.yahoo.cn/" target="_blank" name="ycnhp/search/2">图片</a></li>
<li><a href="http://music.yahoo.cn/" target="_blank" name="ycnhp/search/3">音乐</a></li>
<li><a href="http://tuan.cn.yahoo.com/" target="_blank" name="ycnhp/search/4">团购</a></li>
<li><a href="http://e.etao.com/?tb_lm_id=y_sp" target="_blank" name="ycnhp/search/5">商品</a></li>
<li><script charset="gbk" src="http://p.tanx.com/ex?i=mm_17230573_2278684_9142606"></script></li>
</ul>
<form target="_blank" name="ysearchform" id="ysearchsf" method="get" action="http://www.yahoo.cn/s">
<input type="hidden" name="src" value="8003">
<input type="hidden" name="vendor" value="100101">
<input type="hidden" name="source" value="ycnhp_search_button">
```

图 1-2 查看网页源代码

HTML 是 Hyper Text Markup Language 的缩写，中文翻译为"超文本标记语言"，是制作网页的最基本语言，它的特点正如它的名称所示。

- Hyper（超）："超（hyper）"是相对于"线性（linear）"而言的，HTML 之前的计算机程序大多是线性的，即必须由上至下顺序运行，而用 HTML 制作的网页可以通过其中的链接从一个网页"跳转"至另一个网页。

- Text（文本）：不同于一些编译性的程序语言，如 C、C++或 Java 等，HTML 是一种文本解释性的程序语言，即它的源代码将不经过编译，而直接在浏览器中运行时被"翻译"。

- Markup（标记）：HTML 的基本规则就是用"标记语言"——成对尖括号组成的标签元素来描述网页内容是如何在浏览器中显示的。

HTML 最早作为一种标准的制作网页语言是在 20 世纪 80 年代末由科学家蒂姆·伯纳斯李（Tim Berners-Lee）提出的。当时他定义了 22 种标签元素，发展至 1999 年 12 月，由万维网联盟（W3C）出版的 HTML4.01 规范中还保留着其中的 13 种标签元素。2000 年 5 月，HTML 已成为一项国际标准（ISO/IEC 15445:2000）。2008 年 1 月，万维网联盟已经出版了 HTML5.0 规范的草案版。

早期的 HTML 版本，不仅用标签元素描述网页的内容结构，而且还用标签元素描述网页的排版布局。我们知道，在网页的设计中，网页的内容结构一般变化较小，但是网页的排版布局可以千变万化。因此，当需要改变网页的布局时，就必须大量地修改 HTML 文档，这给网页的设计开发带来了很多的不便。从 HTML4.0 开始，为了简化程序的开发，HTML 已经尽量将"网页的内容结构"与"网页的排版布局"分开，它的主要原则是：

（1）用标签元素描述网页的内容结构。

（2）用 CSS 描述网页的排版布局。

（3）用 JavaScript 描述网页的事件处理，即鼠标或键盘在网页元素上的动作后的程序。

本教材将以 HTML4.01 规范为标准进行讲解，因此，本章将主要讲述原则（1）的内容，原则（2）的内容将在第 2 章和第 3 章中讲述，原则（3）的内容将在第 4～9 章中讲述。HTML4.01 的详细规范内容可以通过万维网联盟网站（http://www.w3.org/TR/html401）进行查询。

1.1.2 编写及显示 HTML 文件

在计算机中，如果用 HTML 语言编写程序，并保存为文件，然后在浏览器"地址"栏中输入该文件名，包括文件所在的文件夹名，如图 1-3 所示，浏览器就会显示出"翻译"后的网页效果。

图 1-3 在浏览器中查看计算机中的 HTML 文件

如果将该文件放在一个网页服务器上，并在浏览器"地址"栏中输入服务器的地址或指向服务器的域名及该文件名，如图 1-4 所示，就可以通过 Internet 浏览到这个网页的内容。这也就是当初科学家蒂姆·伯纳斯李发明 HTML 的目的——大家共享文件内容。

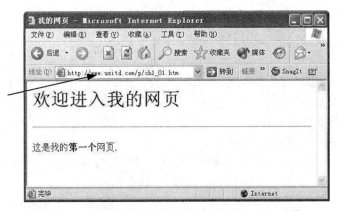

图 1-4 在浏览器中查看网页服务器上的 HTML 文件

HTML 文件具有以下特点。

- HTML 文件是一种包含成对标签元素的普通文本文件。因此，可以用任意一种文本编辑器来编写，如 Windows 中的记事本、写字板等应用软件，也可以使用任何一种编辑 HTML 文件的工具软件，如 Macromedia 的 Dreamweaver 和 Microsoft 的 FrontPage 等。

- HTML 文件必须以 htm 或 html 作为扩展名。两者并没有太大的区别，只是对于一些老式计算机系统，限制文件的扩展名只能由 3 个字母组成，那么使用 htm 就会更为安全。本书的示例中将使用 htm 作为扩展名。
- HTML 文件可以在大多数流行的网页浏览器上显示，如目前最流行的是 Microsoft 的 Internet Explorer（以下简称 IE）和 Mozilla 的 Firefox（以下简称 Firefox）等。本书将使用 Windows 操作系统的 IE 浏览器显示书中的示例。

示例 1-1 是一个最简单的 HTML 程序。首先在文本编辑器中输入该程序（注意，其中的行号用于本书的讲解，因此程序中不要输入行号），保存文件名为 ch1_01.htm。

示例 1-1 第一个 HTML 程序。

目的：初步了解 HTML 程序。

程序文件名：ch1_01.htm。

```
1    <html>
2     <head>
3      <title>我的网页</title>
4     </head>
5     <body>
6      <h1>欢迎进入我的网页</h1>
7      <hr>
8      <p>这是我的<b>第一个</b>网页.</p>
9     </body>
10   </html>
```

说明

（1）编写 HTML 程序时，没有格式上的要求，例如，示例中的 10 行程序，也可以将它们写成一行，这是因为浏览器"翻译" HTML 程序时是通过其中的标签内容进行的，与程序的格式无关。但是为了便于程序的阅读和维护，应该根据标签的结构，适时换行。

（2）HTML 的文件名最好不要有空格，为了能符合大多数网页服务器的要求，HTML 的文件名最好只包含有效的英文字符（A～Z、a～z、0～9）以及下画线（_）和减号（-），并且文件名的长度不要超过 31 个字符（包括扩展名）。

（3）按下述方法进行操作，就可以通过浏览器查看示例 1-1 所编写的 HTML 程序效果。

① 在浏览器中选择菜单"文件"中的"打开"命令。

② 在打开的对话框中单击"浏览"按钮，然后在打开的文件对话框中选择示例 1-1 中保存的文件 ch1_01.htm。

③ 在显示的网页上单击"确定"按钮，就会得到如图 1-3 所示的效果。

（4）按下述方法进行操作，可以调试 HTML 程序。

① 在计算机中同时打开文本编辑器和网页浏览器，并且在文本编辑器中打开 HTML 程序，如 ch1_01.htm，然后按上述步骤（3）在网页浏览器中显示该网页内容。

② 在文本编辑器中修改程序内容，例如，将示例 1-1 中的"第一个"修改为"第二个"，并保存该文件，然后通过反复按下【Alt+Tab】组合键直到切换到网页浏览器窗口，再按【F5】键或【Ctrl+R】组合键就可以刷新浏览器窗口。

③ 不断重复步骤②直到调试结束。

1.1.3 标签、元素和属性

从示例 1-1 中可以看出，HTML 文档是由各种 HTML 元素组成的，如 html（HTML 文档）元素、head（头）元素、body（主体）元素、title（题目）元素和 p（段落）元素等，这些元素都是通过用尖括号组成的标签形式来表现的。实际上，HTML 程序编写的内容就是标签、元素和属性。

1. 标签

HTML 标签是由一对尖括号<>及标签名称组成的。标签分为"起始标签"和"结束标签"两种，两者的标签名称是相同的，只是结束标签多了一个斜杠"/"。如图 1-5 所示，为起始标签，为结束标签，"b"为标签名称，它是英文"bold（粗体）"的缩写。标签名称大小写是不敏感的，如<html>…</html> 和 <HTML> … </HTML> 的效果是一样的，但是 HTML4.01 推荐使用小写字母，因为下一代的 HTML——XHTML 规定，标签名称必须是小写字母。

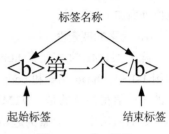

图 1-5　HTML 标签

2. 元素

HTML 元素是组成 HTML 文档的最基本的部件，它是用标签来表现的，一般"起始标签"表示元素的开始，"结束标签"表示元素的结束。

HTML 元素分为"有内容的元素"和"空元素"两种。"有内容的元素"是由起始标签、结束标签以及两者之间的元素内容组成的，其中元素内容既可以是需要显示在网页中的文字内容，也可以是其他元素。如示例 1-1 所示，起始标签与结束标签组成的元素，它的元素内容是文字"第一个"；而起始标签<head>与结束标签</head>组成的元素，它的元素内容是另外一个元素——title 元素。"空元素"则只有起始标签而没有结束标签和元素内容，如示例 1-1 中的 hr（横线）元素就是空元素。

HTML 元素还可以按另一种方式分为"块元素"和"行元素"。"块元素"在网页中的效果是该元素中的内容对于其前后元素的内容都另起一行，如图 1-6 左图所示的 p 元素就是块元素，图 1-6 右图所示为 p 元素的网页效果。而"行元素"的网页效果则是，行元素中的内容对于其前后元素的内容都是在同一行中，如图 1-7 左图所示的 a 元素就是行元素，图 1-7 右图所示为 a 元素的网页效果。

```
HTML 程序：
...
<p>第一段落的内容</p>
<p>第二段落的内容</p>
...
```

网页显示效果：

第一段落的内容
第二段落的内容

图 1-6　块元素程序及其网页效果

```
HTML 程序：
...
<a href="a.htm">链接 1 的内容</a>
<a href="b.htm">链接 2 的内容</a>
...
```

网页显示效果：

链接 1 的内容　链接 2 的内容

图 1-7　行元素程序及其网页效果

3. 属性

在元素的起始标签中，还可以包含"属性"来表示元素的其他特性，它的格式是：

`<标签名称 属性名="属性值">`

例如，下述 img（图像）元素中的 src="my_picture.jpg"就是 img 元素的属性，表示"该图像元素的图像源文件是 my_picture.jpg"。

`<img src="my_picture.jpg">`

像标签名称一样，属性名及属性值的大小写也是不敏感的。另外值得注意的是，虽然 HTML 4.01 并没有要求属性值一定要有双引号，但是，为了养成良好的编程习惯，还是应该统一地在属性值外面加上双引号。

4. 元素的嵌套性

除了 HTML 文档元素 html 外，其他的 HTML 元素都是被嵌套在另一个元素之内的。在示例 1-1 中，head 元素和 body 元素是嵌套在 html 元素中的，而 title 元素是嵌套在 head 元素中的……值得注意的是，HTML 中的元素可以多级嵌套，但是不可以互相交叉。例如，下述不正确的写法中，p 元素的起始标签在 b 元素的外层，而它的结束标签却放在了 b 的结束标签的里面。

不正确的写法：

`<p>这是我的<b>第一个</p>网页.</b>`

正确的写法：

`<p>这是我的<b>第一个</b>网页.</p>`

由于元素的嵌套性，编写 HTML 程序时一般都是先写外层的一对标签，然后逐渐往里写，这样既不容易忘记结束标签，也可以减少交叉标签的错误。例如，示例 1-1 应该按下列步骤完成。

第 1 步：

```
<html>
</html>
```

第 2 步：

```
<html>
  <head>
  </head>
  <body>
  </body>
</html>
```

第 3 步：

```
<html>
  <head>
    <title></title>
  </head>
  <body>
  </body>
</html>
```

第 4 步：

```
<html>
  <head>
    <title>我的网页</title>
  </head>
  <body>
```

```
    </body>
</html>
...
```

以此类推。

1.2 HTML 常用元素

HTML4.01 制定的文档类型有 3 种：严格型（Strict）、转换型（Transitional）和框架型（Frameset），一共包含了大约 96 种元素，其中 12 种为"转换型元素"，即这些元素是为了兼容上一版本的 HTML 规范而保留下来的，在下一版本的 HTML 中很有可能将被取消。下面将主要介绍"严格型"文档中一些最常用的元素，HTML4.01 的全部元素内容请参考万维网联盟网站（http://www.w3.org/TR/html401）。

1.2.1 基本结构元素

HTML 的基本结构元素主要有 3 个，它们分别是 html（HTML 文档）元素、head（头）元素和 body（主体）元素。每个网页文件中一般都包含这 3 个元素，而且它们只能出现一次。

1. html 元素

html 元素是网页文件的最外围的一对标签，它告诉浏览器整个文件是 HTML 格式，并且是从 <html> 开始，至 </html> 结束。

2. head 元素

head 元素包含的是网页的头部信息，它的内容主要是被浏览器所用，而不会显示在网页正文中。head 元素中可以包含下述一些元素：

- title 元素，它的内容将在浏览器的标题中出现。例如，示例 1-1 中的 title 元素内容是"我的网页"，如图 1-3 所示，在浏览器中它显示在浏览器的标题栏中。
- link 元素和 style 元素，常用于 CSS，将在第 2 章和第 3 章中讲解。
- script 元素，常用于 JavaScript，将在第 4 章中讲解。
- meta 元素，将在"1.2.7 一些特殊元素"中讲解。

3. body 元素

body 元素是 HTML 文件的主体元素，它包含所有要在网页上显示的各种元素。下面几节讨论的元素，都是 body 元素可以包含的内容。

1.2.2 常用块元素

前面已经提到过，块元素有一个共同的特点，元素内容总是沿网页垂直方向另起一行。HTML4.01 中的常用块元素有以下几种：

1. 标题类块元素

标题类块元素主要有 h1、h2、h3、h4、h5 和 h6。"h"是 header（标题）的简写，数字 1～6 表示标题的级别，h1 的标题最大，h6 的标题最小，如图 1-8 所示。

HTML 程序：　　　　　　　　　网页显示效果：

```
...
<h1>第一级标题</h1>
<h2>第二级标题</h2>
<h3>第三级标题</h3>
<h4>第四级标题</h4>
<h5>第五级标题</h5>
<h6>第六级标题</h6>
...
```

> # 第一级标题
> ## 第二级标题
> ### 第三级标题
> #### 第四级标题
> ##### 第五级标题
> ###### 第六级标题

图 1-8　标题元素程序及其网页效果

2．段落块元素

最常用的段落块元素有 p（段落）元素、pre（原样显示文字）元素和 div（通用块）元素。

- p 元素

"p"是 paragraph（段落）的简写，p 元素内一般包含一个段落文字，浏览器将自动在 p 元素前后加一行空行，如图 1-6 右图所示。值得注意的是，HTML 元素内的文字内容都不要用空格来排版（pre 元素除外），因为浏览器将标签内的所有空格或换行符都只看作一个空格。下面示例 1-2 的网页效果说明的就是这个问题。

示例 1-2　将李白的诗《静夜思》显示在网页上。

目的：了解 p 元素及 HTML 程序中的空格特点。

程序文件名：ch1_02.htm。

```
1   <html>
2     <head>
3       <title>静夜思</title>
4     </head>
5     <body>
6       <h1>静夜思</h1>
7       <hr>
8       <p>
9          床前明月光，
10         疑是地上霜。
11         举头望明月，
12         低头思故乡。
13      </p>
14    </body>
15  </html>
16
```

在浏览器中打开 ch1_02.htm，得到如图 1-9 所示的效果，可以看到，虽然在程序中每行诗句后面都有换行符，但在浏览器中所有诗句都在一行中，只是每个诗句之间有一个空格。

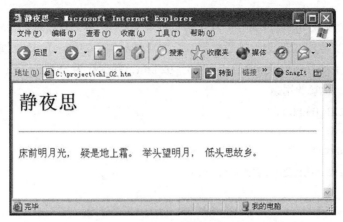

图 1-9 示例 1-2 的网页效果

如果将第 8~13 行改为下面的一行程序，刷新浏览器后，将得到同样的效果。由此可以看出，在元素内容中用空格或换行符进行排版都是无效的。

```
<p>床前明月光，　疑是地上霜。　举头望明月，　低头思故乡。</p>
```

- pre 元素

"pre"是 preformatted 的简写，pre 元素与 p 元素基本相同，唯一区别是，该元素中的文字内容将保留空格和换行符，并且元素中的英文字符都将统一用等宽字体，以便对齐。因此，将示例 1-2 中的第 8~13 行改为下面的程序，刷新浏览器后，将得到如图 1-10 所示的效果。

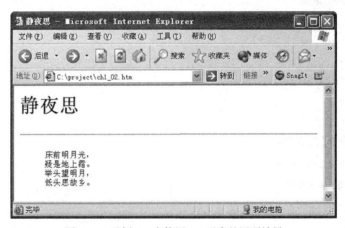

图 1-10 示例 1-2 中使用 pre 元素的网页效果

```
<pre>
   床前明月光，
   疑是地上霜。
   举头望明月，
   低头思故乡。
</pre>
```

值得注意的是，pre 元素一般只用于网页中显示诗句、计算机程序等需要使用空格和回车来排版的文字内容，而不应该将它用于一般内容的排版。根据 HTML4.01 的规范设计原则，网页的排版布局应尽可能地使用 CSS，详见"第 2 章 CSS 基础"和"第 3 章 CSS 实用技巧"。

- div 元素

div 元素是一个最常用的块元素，它几乎可以放在 body 元素中的任意元素外，起到分段分块的作用，以便进一步地用 CSS 进行排版处理。下面通过示例 1-3 看一下 div 元素的效果。

示例 1-3　按下列程序修改示例 1-2 的 ch1_02.htm，并保存为 ch1_03.htm。

目的：了解 div 元素的用途。

程序文件名：ch1_03.htm。

```
1   <html>
2    <head>
3     <title>我喜爱的李白诗</title>
4    </head>
5    <body>
6     <h1>我喜爱的李白诗</h1>
7     <div>
8      <h2>静夜思</h2>
9      <hr>
10     <pre>
11     床前明月光，
12     疑是地上霜。
13     举头望明月，
14     低头思故乡。
15     </pre>
16    </div>
17    <div>
18     <h2>下江陵</h2>
19     <hr>
20     <pre>
21     朝辞白帝彩云间，
22     千里江陵一日还。
23     两岸猿声啼不住，
24     轻舟已过万重山。
25     </pre>
26    </div>
27   </body>
28  </html>
```

在浏览器中打开 ch1_03.htm，得到如图 1-11 左图所示的效果，第 7、16、17 及 26 行的 div 元素在浏览器中看不出什么效果。这时，如果将第 7 行修改为：

```
<div style="float:left;width:200px;margin-right:10px">
```

将第 17 行修改为：

```
<div style="float:left;width:200px">
```

然后将文件保存为 ch1_031.htm，在浏览器中打开该文件，就会得到如图 1-11 右图所示的效果。上述两行的修改目的是通过 CSS 语句将 div 元素所包含的内容由纵向排版变为横向排版。

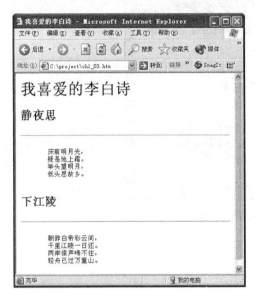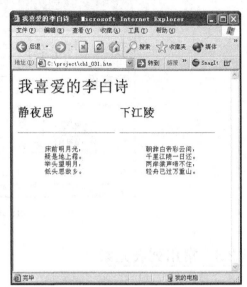

图 1-11　示例 1-3 中 div 元素与 CSS 一起使用的网页排版效果

3．通用属性

HTML 元素有 4 个常用的属性，它们不仅可以用于块元素，而且可以用于大多数的 HTML 元素，因此称为 HTML 的"通用属性"。通用属性包括：

（1）id（元素标识）属性。
（2）title（提示）属性。
（3）style（CSS 样式）属性。
（4）class（CSS 分类）属性。

其中 style 和 class 属性将在第 3 章和第 4 章中讲解。

- id 属性

在 HTML 文档中每个元素都可以有一个标识，但是每个标识名（即 id 的属性值）在整个 HTML 文档中必须是唯一的。标识名第一个字母只能是 A～Z 或 a～z，标识名可以由 A～Z、a～z、0～9、-（减号）、_（下画线）等组成。例如：

```
<div id="myId1">…</div>
<p id="myId2">…</p>
```

标识名是大小写敏感的，即"myId"和"myid"是不一样的。

HTML 的 id 属性在 CSS 和 JavaScript 的应用中起到了很重要的作用。

- title 属性

元素的 title 属性在 HTML 的网页中起到了提示的作用，如果元素设置了 title 属性，当鼠标移动到该内容上时，就可以看到 title 值的内容。例如，将 ch1_031.htm 中的第 7 行修改为：

```
<div style="float:left;width:200px;margin-right:10px"  title="静夜思">
```

保存该文件后在浏览器中打开该文件，如果将鼠标移动到该 div 元素所包含的内容上，就可以看到 title 的属性值，如图 1-12 所示。

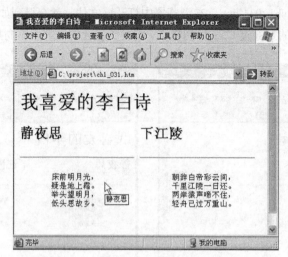

图 1-12　title 属性的网页效果

1.2.3　常用列表元素

常用列表元素有 3 种：ul 元素、ol 元素及 li 元素。
- "ul" 是 unordered list（无序列表）的简写，因此 ul 元素所包含的列表项将以粗点的方式显示。
- "ol" 是 ordered list（有序列表）的简写，因此 ol 元素所包含的列表项将以顺序数字的方式显示。
- "li" 是 list item（列表项）的简写，li 元素被包括在上述的 ul 元素或 ol 元素中。

示例 1-4　在网页上显示如图 1-13 所示的内容。

目的：学习列表元素的使用。

程序文件名：ch1_04.htm。

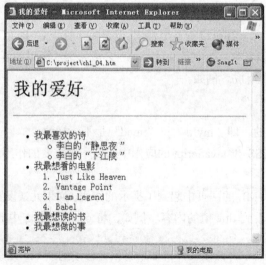

图 1-13　示例 1-4 的网页效果

第 1 章　HTML 基础

```
1   <html>
2   <head>
3     <title>我的爱好</title>
4   </head>
5   <body>
6     <h1>我的爱好</h1>
7     <hr>
8     <ul>
9       <li>我最喜欢的诗</li>
10      <li>我最想看的电影</li>
11      <li>我最想读的书</li>
12      <li>我最想做的事</li>
13    </ul>
14  </body>
15  </html>
16
```

操作步骤如下。

（1）在浏览器中打开 ch1_04.htm，首先会得到如图 1-14 所示的初步列表效果。

（2）修改 ch1_04.htm 中的第 9 行为下述程序：

```
<li>我最喜欢的诗
  <ul>
    <li>李白的"静思夜"</li>
    <li>李白的"下江陵"</li>
  </ul>
</li>
```

将第 10 行修改为下述程序：

```
<li>我最想看的电影
  <ol>
    <li>Just Like Heaven</li>
    <li>Vantage Point</li>
    <li>I am Legend</li>
    <li>Babel</li>
  </ol>
</li>
```

保存文件后刷新浏览器就可以得到图 1-13 所示的效果。通过 CSS 设置还可以改变列表项的符号，如图 1-15 所示为小图像表示的列表项符号，它的应用详见"2.2.3　常用的样式属性"中对列表的介绍。

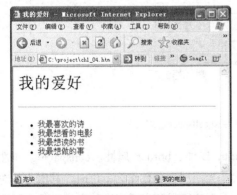

图 1-14　示例 1-4 的初步网页效果　　　　　图 1-15　用小图像表示列表

13

1.2.4 常用表格元素

常用表格元素包括 table（表格）元素、tr（表格行）元素、th（表头）元素和 td（表格单元格）元素。它们组成了 HTML 的基本表格结构。

"table 元素"由"tr 元素"组成，"tr 元素"又由"th 元素"或"td 元素"组成。如图 1-16 所示，左图为基本表格的程序，右图为该程序的网页效果。

```
<table border="1">
  <tr>
    <th>表头 1</th>
    <th>表头 2</th>
  </tr>
  <tr>
    <td>单元格 1_1</td>
    <td>单元格 1_2</td>
  </tr>
  <tr>
    <td>单元格 2_1</td>
    <td>单元格 2_2</td>
  </tr>
</table>
```

图 1-16 HTML 的基本表格元素

上述各种表格元素除了可以使用通用属性外，还有其各自的属性。

表 1-1　　　　　　　　　　　　table 元素的常用属性

属 性 名	意　义
width	表格宽度（百分数或像素）
border	表格线宽度（百分数或像素）
cellspacing	表格单元格边距（百分数或像素）（如图 1-17 所示）
cellpadding	表格单元格内间距（百分数或像素）（如图 1-17 所示）

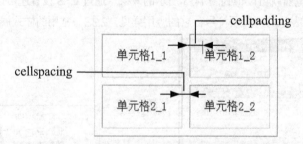

图 1-17 表格的 cellpadding 属性和 cellspacing 属性

table 元素的常用属性如表 1-1 所示，其中 width 属性、border 属性、cellspacing 属性和 cellpadding 属性的度量单位有两种，即百分数和像素。当使用百分数作为单位时，其值为相对于上一级元素宽度的百分数，并用符号%表示。例如，下面几行程序表示表格的宽度为整个网页宽度的 90%，"整个网页宽度"取决于浏览器窗口的宽度，因此也不是一个固定的长度值。

```
<body>
    <table width="90%">…</table>
</body>
```

当使用像素作为单位时，属性值没有任何符号，如下面几行程序表示表格的宽度为 600 个像素。网页显示其宽度时取决于用户显示器的尺寸，常用的显示器尺寸有 1024×800（宽 1024 像素，高 800 像素）、1280×1024（宽 1280 像素，高 1024 像素）等，因此，600 像素的表格在宽度为 1024 像素的显示器中就会比在宽度为 1280 像素的显示器中显得大一些。

```
<body>
    <table width="600">…</table>
</body>
```

如果 table 元素没有设置 width 元素，表格的宽度就是表格中每一列宽度的总和。

tr 元素的常用属性如表 1-2 所示，th 元素和 td 元素的常用属性如表 1-3 所示。这些元素的属性中都有 align 和 valign 属性。如果在 th 元素和 td 元素中都不设置 align 和 valign 属性，默认情况下，th 元素在水平和垂直方向上都为居中对齐，td 元素的水平方向为左对齐，垂直方向为居中对齐。

表 1-2　　　　　　　　　　　　　tr 元素的常用属性

属　性　名	意　　义
align	行元素中所包含元素的水平对齐方式，常用值为 left（左对齐）、center（居中对齐）和 right（右对齐）等
valign	行元素中所包含元素的垂直对齐方式，常用值为 top（上对齐）、middle（中对齐）和 bottom（底对齐）等

表 1-3　　　　　　　　　　　th 元素和 td 元素的常用属性

属　性　名	意　　义
colspan	列方向合并
rowspan	行方向合并
align	水平对齐方式，常用值为 left（左对齐）、center（居中对齐）和 right（右对齐）等
valign	垂直对齐方式，常用值为 top（上对齐）、middle（中对齐）和 bottom（底对齐）等

值得注意的是，如果一个表格的 tr 元素和 th 或 td 元素中同时包含相同的属性名、不同的属性值时，嵌套在内部的元素属性值将起作用，即 th 元素或 td 元素中的属性值将起作用，将在下面的示例中说明这一点。另外，align 属性和 valign 属性是用于表格排版的，因此，按照 HTML4.01 设计原则，表格的排版功能应尽量通过 CSS 来实现，而不是通过元素的属性设置来实现。

示例 1-5　在网页上显示如图 1-18 所示的表格内容。

目的：学习表格元素的使用。

程序文件名：ch1_05.htm。

图 1-18　示例 1-5 的网页效果

```
1   <html>
2   <head>
3     <title>学生成绩单</title>
4   </head>
5   <body>
6   <table border="1" width="300">
7     <tr>
8       <th>姓名</th>
9       <th>语文</th>
10      <th>数学</th>
11    </tr>
12    <tr align="center">
13      <td align="left">王晓华</td>
14      <td>100</td>
15      <td>90</td>
16    </tr>
17    <tr align="center">
18      <td align="left">张蓓蓓</td>
19      <td>83</td>
20      <td>87</td>
21    </tr>
22    <tr align="center">
23      <td align="left">李佳如</td>
24      <td>100</td>
25      <td>100</td>
26    </tr>
27  </table>
28  </body>
29  </html>
```

操作步骤如下。

（1）在浏览器中打开 ch1_05.htm，得到如图 1-19 所示的初步表格效果。其中，第 12、17、22 行中的行元素都设置了它们的水平方向为居中对齐，而第 13、18、23 行的单元格元素都设置了它们的水平方向为左对齐，因此得到了第一列的表格内容为左对齐的效果。

（2）如果将第 7～11 行改写为下述程序内容，保存文件后刷新浏览器，就可以得到如图 1-18 所示的效果。下述程序将表头行变为两行，其中"姓名"占两行（rowspan="2"），"第一学期"占两列（colspan="2"）。

图 1-19 示例 1-5 的初步表格效果

```
<tr>
  <th rowspan="2">姓名</th>
  <th colspan="2">第一学期</th>
</tr>
```

```
<tr>
  <th>语文</th>
  <th>数学</th>
</tr>
```

1.2.5 常用行元素

前面已经介绍过,行元素总是与其前后其他元素保持在同一行中。常用的行元素有 img(图像)元素、a(链接)元素、span(通用行)元素、sub(下标)元素、sup(上标)元素、b(粗体)元素、i(斜体)元素和 br(换行)元素等。

1. img 元素

img 元素用于在网页中插入图像,它是"空元素",即没有结束标签。img 元素除了可以包含 HTML 的通用属性外,其他常用属性如表 1-4 所示,其中 src(图像文件名及其路径)和 alt(替代文字)是必须有的属性。下面示例 1-6 是一个最简单的图像显示网页。

表 1-4　　　　　　　　　　img 元素的常用属性

属 性 名	意　义
src	图像文件名及其路径
alt	替代文字,当浏览器不能显示该图像文件时所显示的文字
width	图像显示宽度(百分数或像素)
height	图像显示高度(百分数或像素)

示例 1-6　在网页上显示如图 1-20 所示的图像内容。

图 1-20　示例 1-6 的网页效果

目的:学习图像元素的使用。
程序文件名:ch1_06.htm。

```
1  <html>
2    <head>
3      <title>图像</title>
4    </head>
5    <body>
6      <img src="http://animals.nationalgeographic.com/staticfiles/NGS/Shared/StaticFiles/animals/images/primary/harp-seal-baby.jpg" alt="小海熊">
7    </body>
8  </html>
```

在浏览器中打开 ch1_06.htm，就可以得到图 1-20 所示的效果。

HTML 的图像文件类型有以下 3 种：

- GIF（Graphics Interchange Format，图形交换格式）。
- JPG 或 JPEG（Joint Photographic Experts Group，联合图像专家组）。
- PNG（Portable Network Graphics，可移植网络图像）。

GIF 是图形和图片的最佳格式，适用于透明或动画图形，而 JPEG 格式则更适合存放照片。PNG 格式拥有许多 JPEG 与 GIF 的共同优点，如支持数百万色且压缩效果好，所以最近越来越流行。

HTML 图像文件可以通过图像处理软件产生，常用的图像处理软件有 Windows 的 Paint（画图）、Adobe 的 Photoshop 等。图像文件也可以在版权许可的情况下从 Internet 上下载，如图 1-21 所示为下载示例 1-6 图像的操作，具体操作如下：

图 1-21 从网页中下载图像的操作

（1）在浏览器的"地址栏"中输入示例 1-6 中第 6 行的 src 属性值；

（2）用鼠标右键单击网页中的图像，如图 1-21 所示，在打开的菜单中选择"图片另存为"；

（3）然后将图像保存到 ch1_06.htm 文件所在的文件夹中，图像文件名为 harp-seal-baby.jpg，如图 1-22 所示。

第 1 章 HTML 基础

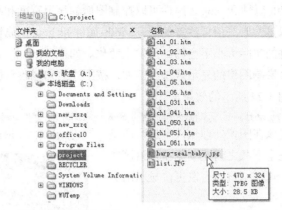

图 1-22 图像文件与 HTML 文件在同一个文件夹中

图像文件名的路径分为绝对路径和相对路径两种。绝对路径指的是将图像文件的全部路径都写出来，一般用于显示其他网站上的图像文件，如示例 1-6 中第 6 行的 src 属性值就是包含了绝对路径的图像文件名。

相对路径就是写出相对于当前 HTML 文件所在的目录，一般用于图像文件在本网站中的情况。相对路径名的使用规则如下。

- 没有路径名表示图像文件与当前的 HTML 文件在同一目录中，如 src=" harp-seal-baby.jpg" 表示文件 harp-seal-baby.jpg 与文件 ch1_06.htm 在同一个目录中。
- 路径名/表示下一级的目录名，如 src="images/harp-seal-baby.jpg"表示 harp-seal-baby.jpg 在 ch1_06.htm 所在目录的下一级目录 images 中。
- ../表示上一级的目录，如 src="../ harp-seal-baby.jpg"表示 harp-seal-baby.jpg 在 ch1_06.htm 所在目录的上一级目录中。
- src 属性值以 / 开始，表示从根目录开始。

因此，在示例 1-6 中，就可以在网页中显示已经下载了的图像文件，只要将第 6 行的 src 属性值改写为：

```
<img src="harp-seal-baby.jpg" alt="小海熊">
```

又如，在 ch1_06.htm 文件所在的文件夹中创建一个文件夹 images，然后将上述图像文件移动到该文件夹中，如图 1-23 所示，这时示例 1-6 中第 6 行的 src 属性值就可以改写为：

```
<img src="images/harp-seal-baby.jpg" alt="小海熊">
```

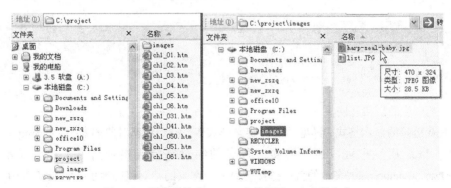

图 1-23 图像文件在 HTML 文件的下一个文件夹中

19

另外，通过设置 width 属性和 height 属性可以控制图像的显示宽度和高度，它们的长度单位既可以是百分数，也可以是像素。值得注意的是，width 属性和 height 属性的设置只是改变了图像的显示尺寸，图像文件的实际大小不会因此而发生变化。如果 width 和 height 的设置值与图像实际尺寸不一致时，还会影响图像的显示效果。例如，按下述语句修改示例 1-6 中第 6 行的 src 属性值，就可以得到如图 1-24 所示的效果。

```
<img src="images/harp-seal-baby.jpg" alt="小海熊" width="100" height="50">
```

所以，图像的大小应该在图像处理软件中进行调整。设置 width 和 height 属性的另一个好处是，它们可以在图像被完全下载之前让浏览器知道该用多大的空间来显示图片，这样浏览器可以更快显示出美观的页面。

在网页中显示图像还应该注意的是，图像的显示相对于文字所占的字节数较多，比如一个全屏的图像，即使经过压缩，也要占去大约 50KB，这相当于 25 000 字的文本。因此，浏览器载入图像比较费时，建议一个 HTML 文件里不要包含过多的图像，否则就会影响网页的显示速度。

图 1-24　设置图像的宽度和高度

2．a 元素

a 元素有两个用途，一个是产生链接，另一个是设置链接目的地，即书签。它所包含的属性除了通用属性外，其他常用属性如表 1-5 所示。

表 1-5　　　　　　　　　　　　　　　a 元素的常用属性

属 性 名	意 义
href	链接的文件名及路径
name	书签名称

- 用 a 元素产生链接

通过设置 a 元素的 href 属性值，就可以在网页中产生链接。网页中的链接主要分为 3 种：网页或图片的链接、电子邮件的链接和网页中的书签链接。它们的 a 元素格式分别是：

```
<a href="链接至另一个网页或图片的文件名">链接名称</a>
<a href="mailto:电子邮件地址">链接名称</a>
<a href="#书签名">链接名称</a>
```

例如：

```
<a href="http://www.yahoo.com">Yahoo</a>
<a href="ch1_02.htm">静夜思</a>
<a href="images/harp-seal-baby.jpg">小海熊</a>
<a href="mailto:abc@yahoo.com">请与我联系</a>
<a href="#top">返回</a>
```

用 a 元素产生的链接在网页上一般显示为蓝色带有下画线的文字，如图 1-25 所示。通过 CSS 设置可以改变链接的显示格式，详见"2.2.4 定义样式表"中对状态对象的介绍。与 img 元素的 src 属性一样，href 属性也可以设置链接文件名的绝对路径或相对路径。在上述示例中，href="http://www.yahoo.com"表示的就是链接至另一个网页的绝对路径地址，而 href="ch1_02.htm" 和 href="images/harp-seal-baby.jpg" 则表示的是链接至本网站中另一个网页的相对路径地址。

示例 1-7　在浏览器中打开 ch1_07.htm，得到如图 1-25 所示的链接内容。

图 1-25　示例 1-7 的网页效果

目的：学习 a 元素的使用。

程序文件名：ch1_07.htm。

```
1    <html>
2      <head>
3        <title>我的链接</title>
4      </head>
5      <body>
6        <h1>我的链接</h1>
7        <ul>
8          <li><a href="ch1_01.htm">我的第一个网页</a></li>
9          <li><a href="ch1_03.htm">我喜爱的李白诗</a></li>
10         <li><a href="ch1_04.htm">我的爱好</a></li>
11         <li><a href="ch1_05.htm">成绩单</a></li>
12         <li><a href="images/harp-seal-baby.jpg">可爱的小海熊</a></li>
13       </ul>
14       <p><a href="mailto:abc@yahoo.com">请与我联系</a></p>
15     </body>
16   </html>
```

- 用 a 元素设置书签

如果在 a 元素中设置 name 属性值，就可以设置书签，其格式是：

```
<a name="书签名">文字内容</a>
```

如果在上述示例 1-7 第 5 行和第 6 行之间插入下述语句，即在网页的顶部插入了一个链接目的地：

```
<a name="top"></a>
```

然后在第 13 行和第 14 行之间插入下述语句：

```
<div style="margin-top:800px">
  <a href="#top">返回</a>
</div>
```

保存文件后刷新浏览器，在网页的底部就可以看见"返回"链接，单击它后网页就会跳到我们所定义的"top"所在的位置——网页的顶部。

HTML4.01 中也可以通过 id 属性设置书签。例如，在示例 1-7 第 5 行和第 6 行之间不插入上述语句，而是按下述修改第 6 行，也可以得到同样的效果。

```
<h1 id="top">我的链接</h1>
```

3. span 元素

span 元素与 div 元素类似，区别在于 span 元素表示的是行元素，而 div 元素表示的是块元素。它在网页的效果上看不出什么意义，好像只是在所需要显示的文字外面加了一对 span 标签而已，但是通过 id 属性、style 属性、class 属性和 JavaScript 可以改变 span 元素内容的排版布局。例如，将示例 1-7 第 14 行修改如下，网页的最后一行就会变为如图 1-26 所示的效果。

```
<p>
  <a href="mailto:abc@yahoo.com">请与我联系</a>
  <span style="margin-left:20px">版权所有 复制必究</span>
</p>
```

4. sup 元素、sub 元素、b 元素、i 元素、em 元素、strong 元素和 br 元素

sup 元素、sub 元素、b 元素、i 元素、em 元素、strong 元素和 br 元素是用于网页中的文字格式排版的，其中 b 元素和 strong 元素都是粗体的效果，em 元素和 i 元素都是斜体的效果。通过示例 1-8 可以看到上述元素的效果，它们一般都可以由 CSS 替代，但由于这些元素的标签名较短，特别是 b 元素和 i 元素，只有一个字符，因此经常会被使用。另外，br 元素是一个空元素，即没有结束标签，它虽然可以达到换行的效果，但不应该大量使用它进行网页的格式排版。

示例 1-8 在浏览器中打开 ch1_08.htm，得到如图 1-27 所示的网页效果。

图 1-26 span 元素与 style 属性的使用效果

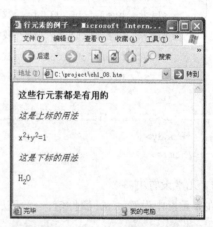

图 1-27 示例 1-8 的网页效果

目的：学习文字格式排版元素的使用。

程序文件名：ch1_08.htm。

```
1    <html>
2      <head>
3        <title>行元素的例子</title>
4      </head>
```

```
 5  │   <body>
 6  │     <p><b>这些行元素都是有用的</b></p>
 7  │     <p><i>这是上标的用法</i></p>
 8  │     <p>
 9  │       x<sup>2</sup>+y<sup>2</sup>=1
10  │     </p>
11  │     <p><i>这是下标的用法</i></p>
12  │     <p>
13  │       H<sub>2</sub>O
14  │     </p>
15  │   </body>
16  │ </html>
```

5．object 和 param 元素

object 元素又称为多媒体元素，一般用于在网页中嵌入除图片以外的多媒体，如音频、视频、Flash、Java Applets 等，它的主要常用属性如表 1-6 所示。param 元素通常配合 object 元素一同使用，用于播放 object 元素内容插件所需的参数，它一般包含 name 和 value 属性。

表 1-6　　　　　　　　　　　　　　　object 元素的常用属性

属 性 名	意　义
width	嵌入内容的宽度，单位为像素
height	嵌入内容的高度，单位为像素
codebase	为播放所要嵌入内容所要加载插件的网页地址。例如，对于 mp3，codebase 是 http://www.apple.com/qtactivex/qtplugin.cab
data	object 元素嵌入内容的地址
type	data 属性值所表示嵌入内容文件的 MIME 类型
classid	播放所要嵌入内容应用程序在 Windows 系统中的唯一 id(不能改变此 id,否则程序将出现异常)。例如，对于 mp3，classid 是 clsid:02BF25D5-8C17-4B23-BC80-D3488ABDDC6B
codetype	classid 属性值所表示媒体类型。例如，对于 Java 是 application/java，对于 Flash 是 application/x-shockwave-flash
archive	包含多个使用逗号（,）分割的 Java 类或外部资源，用于增强 applet 的功能，定义 applet 代码
declare	声明没有实例化的嵌入内容，此内容通常在加载后可以使用
standby	文档加载时显示的文本信息

object 元素用于代替 HTML4.0 以前版本的 applet、embed 等元素，但是，至今并不是所有的浏览器都支持它。因此，除了 param 元素外，object 元素中还可以放 applet、embed 等元素，以便为不支持 object 的浏览器显示。例如，下述示例 ch1_09_mp3.htm 中只有包含第 10 行的 embed 元素，网页才能在 FireFox 浏览器中正常显示；同样，在示例 ch1_09_wmv.htm 中，如果要使网页在 FireFox 浏览器中正常显示，必须包含第 12 行的 embed 元素。

示例 1-9　制作 4 个网页，分别嵌入一个 Flash 片断、一首 mp3 歌曲、一个 wmv 格式的视频片断和一个 mov 格式的视频片断。

目的：学习 object 元素和 param 元素的使用。

程序文件名：ch1_09_flash.htm。

```
1   <html>
2     <head>
3       <title>多媒体 Flash 例子</title>
4     </head>
5     <body>
6       <object   type="application/x-shockwave-flash"   data="ch1_09_flash.swf" width="400" height="300">
7         <param name="movie" value="ch1_09_flash.swf">
8         <param name="quality" value="high">
9       </object>
10    </body>
11  </html>
```

程序文件名：ch1_09_mp3.htm。

```
1   <html>
2     <head>
3       <title>多媒体 mp3 例子</title>
4     </head>
5     <body>
6       <object type="audio/x-mpeg" data="ch1_09_mp3.mp3"
              width="200" height="50"
              classid="clsid:02BF25D5-8C17-4B23-BC80-D3488ABDDC6B"
              id="MediaPlayer"
              codebase="http://www.apple.com/qtactivex/qtplugin.cab">
7         <param name="src" value="ch1_09_mp3.mp3">
8         <param name="controller" value="true">
9         <param name="autostart" value="autostart">
10        <embed type="application/x-mplayer2" src="ch1_09_mp3.mp3" name="MediaPlayer" width="200" height="50" ></embed>
11      </object>
12    </body>
13  </html>
```

程序文件名：ch1_09_wmv.htm。

```
1   <html>
2     <head>
3       <title>多媒体 wmv 例子</title>
4     </head>
5     <body>
6       <object id="mediaplayer" width=640 height=480
              classid="clsid:22d6f312-b0f6-11d0-94ab-0080c74c7e95"
              codebase="http://activex.microsoft.com/activex/controls/mplayer/en/nsmp2inf.cab#version=6,4,5,1112"
              type="application/x-oleobject">
7         <param name="filename" value="ch1_09_wmv.wmv">
8         <param name="autostart" value="true">
9         <param name="showcontrols" value="true">
10        <param name="showstatusbar" value="true">
11        <param name="loop" value="true">
```

12	`<embed type="application/x-mplayer2"`
	`pluginspage="http://www.microsoft.com/windows/mediaplayer/"`
	`src="ch1_09_wmv.wmv" name="mediaplayer" width="640"`
	`height="480" autostart="1"></embed>`

13	`</object>`
14	`</body>`
15	`</html>`

程序文件名：ch1_09_mov.htm。

1	`<html>`
2	`<head>`
3	`<title>`多媒体 mov 例子`</title>`
4	`</head>`
5	`<body>`

6	`<object classid="clsid:02BF25D5-8C17-4B23-BC80-D3488ABDDC6B"`
	`codebase="http://www.apple.com/qtactivex/qtplugin.cab" width="320"`
	`height="256">`

7	`<param name="src" value="ch1_09_mov.mov">`
8	`<param name="controller" value="true">`
9	`<param name="autoplay" value="true">`
10	`<embed src=" ch1_09_mov.mov" width="320" height="256"` `type="video/quicktime">`
11	`<param name="controller" value="true">`
12	`<param name="autoplay" value="true">`
13	`</embed>`
14	`</object>`
15	`</body>`
16	`</html>`

1.2.6　表单元素

HTML 的表单元素 form 用于收集用户输入的信息，然后将用户输入的信息送到它的 action 属性所表示的程序文件中进行处理。form 元素中可以包含下述一些元素。

（1）表单控件元素，用于收集用户输入信息，包括：

- input（输入框）元素，根据其 type 属性可以分为 text（单行文本框）、password（密码输入框）、radio（单选框）、checkbox（复选框）、submit（提交按钮）、reset（重置按钮）、button（普通按钮）等。
- select（下拉框）元素，可以包含 option（选项）元素。
- textarea（多行文本输入框）元素。

（2）label（表单控件名称）元素。

（3）fieldset（表单控件组）元素，其中必须包括 legend（表单控件组标题）元素。

表单及其控件元素的属性除了通用属性外，还有一些用于 JavaScript 的事件属性（详见"7.2.2 表单（form）及其控件元素对象"），其他常用属性如表 1-7、表 1-8 和表 1-9 所示。

示例 1-10 和示例 1-11 可以进一步了解这些元素及其属性的意义。

表 1-7　　　　　　　　　　　　　　form 元素的常用属性

属 性 名	意　　义
action	提交表单的程序文件名
name	表单名
method	提交表单的方式：post 和 get

表 1-8　　　　　　　　　　　　　　input 元素的常用属性

属 性 名	意　　义
type	表单控件类型，其值为 text、password、checkbox、radio、submit、reset、button、file、hidden 及 image 等
name	控件变量名
value	控件变量值
disabled	禁止使用，其值为 true 或 false
readonly	只读，其值为 true 或 false
accesskey	快捷键
tabindex	使用 tab 键的顺序
checked	用于单选框和复选框，表示选项是否被选择了，其值为 true 或 false
size	用于单行文本输入框，表示单行文本输入框的长度，单位为字符
maxlength	用于单行文本输入框，表示最大输入长度，单位为字符

表 1-9　　　　　　　　　　　　　　select 元素的常用属性

属 性 名	意　　义
multiple	允许多项选项
size	下拉框显示长度，单位为行
disabled	禁止使用，其值为 true 或 false
tabindex	使用 tab 键的顺序

从这些属性列表中可以看出，表单控件元素都包含 name 属性和 value 属性，分别表示变量名和变量值，它们是收集用户输入信息必须要有的属性。值得注意的是，name 属性与标签通用属性 id 的作用是不一样的，前者主要用于 form 元素中 action 属性所表示的服务器端的程序，而后者主要用于网页排版的 CSS 设置和网页事件处理的 JavaScript 程序。

另外，网页中的列表包括下拉列表和列表两种，在 HTML 文档中都是用 select 元素表示。当 select 元素中没有 size 属性时，就是下拉列表，如图 1-28（1）所示。如果 select 元素中含有 size 属性，就是列表。在列表的情况下，当 select 元素中没有 multiple 属性时，该列表为单选列表，如图 1-28（2）所示；当 select 元素中带有 multiple 属性时，就是多选列表，如图 1-28（3）所示，这时允许用户按下【Ctrl+Shift】组合键的同时进行选择列表的操作，这样可以同时选择多个选项。

（1）下拉列表

```
<select name="province">
  <option value="0">北京</option>
  <option value="1">上海</option>
  <option value="2">天津</option>
</select>
```

（2）单选列表

```
<select size="3" name="province">
  <option value="0">北京</option>
  <option value="1">上海</option>
  <option value="2">天津</option>
</select>
```

（3）多选列表

```
<select size="3" name="province" multiple>
  <option value="0">北京</option>
  <option value="1">上海</option>
  <option value="2">天津</option>
</select>
```

图 1-28　网页中的各种列表

无论是哪一种类型的列表，select 元素中都需要包含标记<option>和</option>以表示列表中的选项内容。

示例 1-10　在网页上显示如图 1-29 所示的表单及其控件元素的内容。

目的：学习表单及其控件元素的使用。

程序文件名：ch1_10.htm。

```
1   <html>
2     <head>
3       <title>用户注册</title>
4     </head>
5     <body>
6       <h1>请填写下列用户注册表</h1>
7       <form action="ch1_10_action.htm">
8         <p>
9           <label for="username">用户名:</label>
10          <input type="text" name="username" id="username" value="">
11        </p>
12        <p>
13          <label for="password">密码:</label>
14          <input type="password" name="password" id="password" value="">
15        </p>
16        <p>
17          性别:
18          <input type="radio" name="gender" id="male" value="1">
19          <label for="male">男</label>
```

```
20        <input type="radio" name="gender" id="female" value="2">
21        <label for="female">女</label>
22      </p>
23      <p>
24        爱好：
25        <input type="checkbox" name="favorite" id="movie" value="1">
26        <label for="movie">电影</label>
27        <input type="checkbox" name="favorite" id="music" value="2">
28        <label for="music">音乐</label>
29        <input type="checkbox" name="favorite" id="sport" value="3">
30        <label for="sport">体育</label>
31        <input type="checkbox" name="favorite" id="other" value="4">
32        <label for="other">其他</label>          </p>
33      <p>
34        <label for="birthCountry">出生国家:</label>
35        <select name="birthCountry" id="birthCountry">
36          <option value="1">中国</option>
37          <option value="2">日本</option>
38          <option value="3">美国</option>
39          <option value="4">英国</option>
40          <option value="5">其他国家</option>
41        </select>
42      </p>
43      <p>
44        <label for="note">备注:</label>
45        <textarea name="note" id="note" value=""></textarea>
46      </p>
47      <p>
48        <input type="submit" value="提交">
49      </p>
50    </form>
51  </body>
52 </html>
```

程序文件名：ch1_10_action.htm。

```
1  <html>
2    <head>
3      <title>用户注册处理文件</title>
4    </head>
5    <body>
6      <p>收到了</p>
7    </body>
8  </html>
```

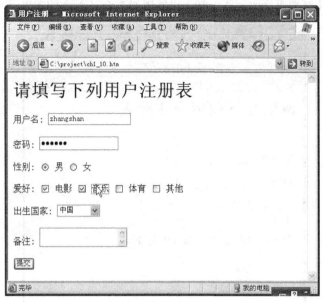

图 1-29 示例 1-10 的网页效果

在浏览器中打开 ch1_10.htm，填写各个表单项，得到图 1-29 所示的效果。

（1）ch1_10.htm 文档中第 7 行的 form 元素，其 action 属性值为 "ch1_10_action.htm"，表示该表单提交后将调用 ch1_10_action.htm。如果如图 1-29 所示填写信息后，单击"提交"按钮，就会得到如图 1-30 所示的效果。值得注意的是，当 form 元素中没有设置 method 属性时，默认的表单提交方式为 get 方式，表示用户输入的信息，包括密码，都将会显示在地址栏中，如图 1-30 地址栏所示。如果要更安全地提交表单，应该设置 method 属性值为 post。

（2）label 元素的作用是，当用户单击 label 的内容时，光标会落到 for 属性所表示的元素上，即相当于单击了 for 属性所指向的元素。例如，在网页中单击"用户名"，光标就会落到其右侧的文本框中，这是因为第 9 行 label 元素中的 for="username" 表示这个控件名称是对于 id 属性值为 "username" 的元素，即第 10 行的 input 元素。

（3）第 18 行和第 20 行一起表示了 name 为 "gender" 的单选框，值得注意的是，这两行中元素的 name 值是相同的，id 值是不同的。与其类似的是，复选框的各个选项也是 name 值是相同的，id 值是不同的。

图 1-30 提交表单后的效果

示例 1-11 按下述要求修改示例 1-10，以实现如图 1-31 所示的效果。

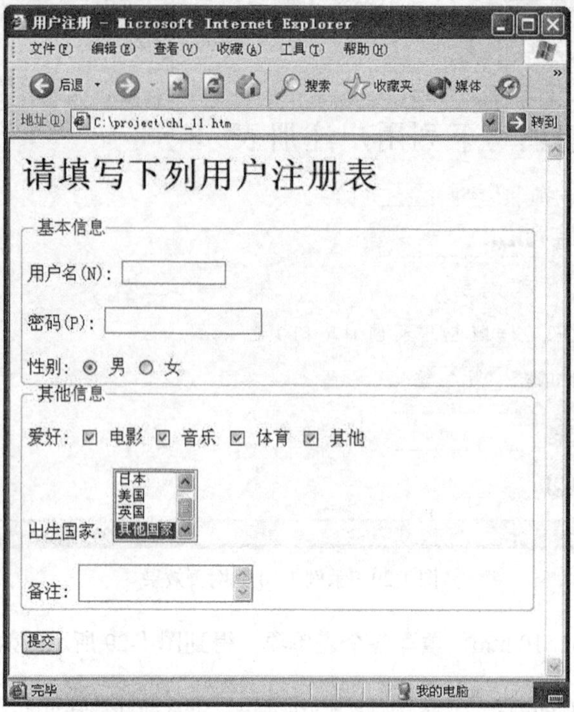

图 1-31 示例 1-11 的网页效果

（1）将表单分为两个区域，基本信息区域和其他信息区域。
（2）"用户名"文本框的长度为 12 个字符，允许用户名的最大长度是 10 个字符。
（3）"性别"中设置默认选项为"男"。
（4）"爱好"中设置默认选项为全部各项。
（5）"出生国家"中设置默认选项为"其他国家"，显示长度为 4 行。
（6）按下【Alt+N】组合键，使光标落到"用户名"的文本框中；按下【Alt+P】组合键，使光标落到密码输入框中。

目的：学习表单控件元素的一些属性设置。
程序文件名：ch1_11.htm。

（1）实现要求（1）的操作如下。
① 复制 ch1_10.htm 为 ch1_11.htm。
② 在第 7 行和第 8 行之间插入下述语句：
```
<fieldset>
<legend>基本信息</legend>
```
③ 在第 22 行和第 23 行之间插入下述语句：
```
</fieldset>
<fieldset>
<legend>其他信息</legend>
```
④ 在第 46 行和第 47 行之间插入下述语句：
```
</fieldset>
```

（2）实现要求（2）和（6）的操作如下。
① 修改第 10 行如下：
`<input type="text" name="username" id="username" value="" size="12" maxlength="10" accesskey="N">`
② 修改第 14 行如下：
`<input type="password" name="password" id="password" value="" accesskey="P">`
（3）实现要求（3）、（4）和（5）的操作如下。
① 修改第 18 行如下：
`<input type="radio" name="gender" id="male" value="1" checked="true">`
② 在第 25、27、29 和 31 行元素中加上属性 checked="true"。
③ 修改第 35 行如下：
`<select name="birthCountry" id="birthCountry" size="4">`

最后，保存 ch1_11.htm 文件后，在浏览器中打开 ch1_11.htm，就可以得到图 1-31 所示的效果。

1.2.7　一些特殊元素

1．注释元素

HTML 的注释元素用于在 HTML 文档中解释 HTML 语句，以便日后可以更容易地理解这些语句。注释元素中所包含的注释内容被放在<!--和-->之间，它们不会在浏览器中显示。注释元素的格式如下：

```
<!--注释的内容-->
```

示例 1-12　在示例 1-1 中加上注释语句。

目的：学习注释语句的使用。

程序文件名：ch1_12.htm。

```
1   <html>
2     <head>
3       <title>我的网页</title>
4     </head>
5     <body>
6       <h1>欢迎进入我的网页</h1>  <!-- 这是大标题 -->
7       <hr>
8       <p>这是我的<b>第一个</b>网页.</p>  <!-- 这是正文内容 -->
9     </body>
10  </html>
```

● 分别在第 6 行和第 8 行加上注释语句后，在浏览器中显示该网页，得到如图 1-4 所示的同样效果。

2. meta（描述网页信息）元素

meta 元素是嵌套在 head 元素中的用于描述网页信息的元素，这些信息常被搜索引擎用于检索网页，主要格式如下：

```
<meta name="description" content="这里是网页的具体描述">
<meta name="keywords" content="这里是一些关键字">
<meta name="author" content="这里是作者的名字">
```

3. doctype（文档类型的定义）与 HTML 文档的检验

doctype 并不是 HTML 的元素，它是对 HTML 文档的类型说明，因此，它必须写在 HTML 文档的开始处——html 元素之前。前面曾经提到过，HTML4.01 将网页文档分为 3 种类型，即严格型（Strict）、转换型（Transitional）和框架型（Frameset），它们的格式分别是：

```
<!DOCTYPE HTML PUBLIC "-//W3C//DTD HTML 4.01 Strict//EN"
                      "http://www.w3.org/TR/html4/strict.dtd">
<!DOCTYPE HTML PUBLIC "-//W3C//DTD HTML 4.01 Transitional//EN"
                      "http://www.w3.org/TR/html4/loose.dtd">
<!DOCTYPE HTML PUBLIC "-//W3C//DTD HTML 4.01 Frameset//EN"
                      "http://www.w3.org/TR/html4/frameset.dtd">
```

如果使用严格型的文档类型，文档中的元素必须全部符合 HTML4.01 的规范；如果使用转换型的文档类型，HTML 文档中可以包含以前版本的一些元素内容；如果网页中使用了框架元素，那么就应该应用框架型文档类型。含有 doctype 的 HTML 文档可以在万维网联盟提供的检验网站（http://validator.w3.org）上检验其是否"合格"，如果不合格，该网页会详细地罗列出问题的语句及原因，如图 1-32 所示。

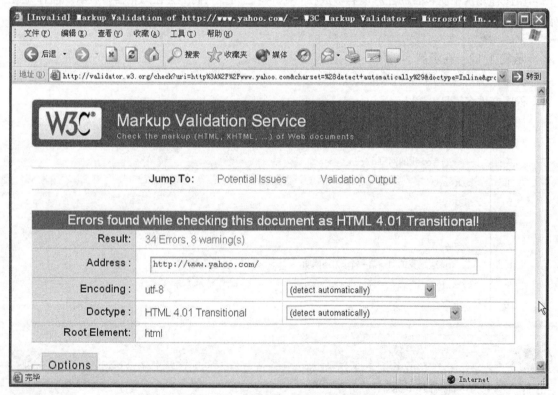

图 1-32　万维网联盟提供的检验网站

4. 特殊字符

如何在网页中表现一些特殊的字符呢？例如，乘号（×）、除号（÷）、版权符号（©）及注册商标符号（®）等。在 HTML 文档中，这些符号都可以用"字符实体（character entity）"来表示。字符实体分成 3 部分：第 1 部分是一个&符号，英文叫 ampersand；第 2 部分是实体（entity）名字或者是#加上实体（entity）编号；第 3 部分是一个分号。表 1-10 列出了一些常用的字符实体，全部的字符实体可以参照网页 http://www.w3schools.com/tags/ref_entities.asp。

表 1-10　　　　　　　　　　　　常用的字符实体

网 页 效 果	意　　义	实 体 名 字	实 体 编 号
	非中断空格		
<	小于	&lt;	&#60;
>	大于	&gt;	&#62;
&	与	&amp;	&#38;
"	双引号	&quot;	&#34;
×	乘号	&times;	&#215;
÷	除号	&divide;	&#247;
¥	人民币（元）	&yen;	&#165;
©	版权符	&copy;	&#169;
®	注册商标符	&reg;	&#174;

第2章 CSS 基础

本章主要内容：
- CSS 简介
- CSS 的基本语法

2.1 CSS 简介

第 1 章已经提到过，HTML 网页实际包含两个方面：网页的内容及网页的排版布局。网页的内容主要由需要显示的文字内容、图片内容、各种窗体元素等组成；网页的排版布局则包括显示网页内容时所用的颜色、字体、边框线以及网页内容的位置及大小尺寸等。CSS 就是用于有效地设计和实现网页排版布局的一组描述或定义。

如图 2-1 所示的两个网页，它们的内容完全一样，但是它们的排版布局不同，区别在于左边的网页没有应用 CSS，而右边的网页应用了 CSS。

没有应用 CSS

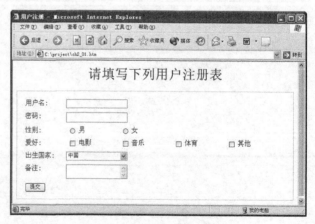
应用了 CSS

图 2-1 页内容相同而排版布局不同的两个网页

CSS 是 Cascading Style Sheets 的缩写，中文翻译为"层叠样式表"。CSS 具有下述特点：
- CSS 通过"样式"来表示网页的颜色、字体、背景色、边框线以及网页内容的位置及大小尺寸等属性。
- 一系列的样式组成了"样式表"。
- 定义"样式表"有 3 种方式：外部样式表文件、内部样式表及元素中的样式表。图 2-2 所示为这 3 种样式表定义方式与网页的关系。其中，外部样式表文件可以有效地将网页内容和网页的排版布局分离，当多个网页使用了同一个外部样式表文件时，只要修改一个外部样式表文件，就可以方便地改变这些网页的排版布局。
- 在网页的标记中应用"样式"时采用的是"层叠式"原则。

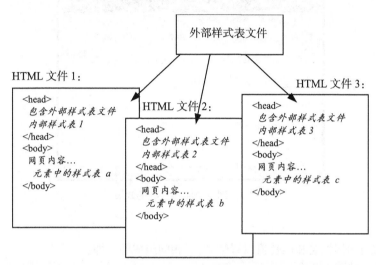

图 2-2　样式表的 3 种定义方式

CSS 是由 HTML 发展而来的，因此，与 HTML 文档相类似，CSS 在不同浏览器中的表现效果也会稍有不同。例如，有的 CSS 样式的定义只适用于 IE 浏览器，而有的则只适用于 Firefox 浏览器。因此，在应用 CSS 时，应在不同的浏览器中进行测试。本书将主要介绍适用于大多数浏览器的一些常用 CSS 样式内容（包括 CSS 版本 1、2、3 的内容），CSS 的详细规范内容可以通过万维网联盟网站（http://www.w3.org/Style/CSS/）进行查询。

2.2　CSS 的基本语法

2.2.1　样式和样式表

CSS 的最基本元素就是样式和样式表，下面以示例 2-1 为例来说明样式及样式表。

示例 2-1　在 ch1_01.htm 文档中加入 CSS，使其大标题为斜体，颜色为红色。程序内容如下所示，其中粗体为修改了的内容，在浏览器中得到如图 2-3 所示的效果。

目的：初步了解样式及样式表。

程序文件名：ch2_01.htm。

```
 1    <html>
 2      <head>
 3        <title>我的网页</title>
 4      </head>
 5      <body>
 6        <h1 style="color:red; font-style:italic">欢迎进入我的网页</h1>
 7        <hr>
 8        <p>这是我的<b>第一个</b>网页.</p>
 9      </body>
10    </html>
```

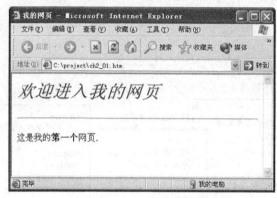

图 2-3　网页中加入 CSS 的效果

1．样式

样式是由成对的属性名和属性值以冒号":"相间组成的，即：

属性名：属性值

例如，示例 2-1 中第 6 行"color:red"就是定义了一种样式，表示"颜色为红色"。

2．样式表

一系列的"样式"以分号";"相间组成"样式表"，即：

属性名1：属性值1；属性名2：属性值2；属性名3：属性值3；…

例如，示例 2-1 中第 6 行"color:red; font-style:italic"就是由两种样式组成的样式表，表示"颜色为红色；字体为斜体"。

3．元素中的样式表

在上述介绍的 3 种定义样式表的方式中，最直接的方式是"元素中的样式表"，只要在 HTML 元素中应用 style 属性就可以了，即：

<元素标签名 style="属性名1：属性值1；属性名2：属性值2；…">…</元素标签名>

例如，示例 2-1 中第 6 行就是在元素 h1 的标签中定义了样式表，表示"这个 h1 元素中的内容，颜色为红色，字体为斜体"。

2.2.2　CSS 中的颜色和长度定义

1．颜色

CSS 中的颜色是由红、蓝、绿 3 种颜色组合而成的，每种颜色用数字 0～255 表示，所以一共可以表示 255×255×255——超过 16 000 000 种颜色。CSS 中的颜色可以用 4 种方式表示。

- 十六进制：3 对十六进制的数字（00 表示十进制的 0，ff 表示十进制的 255）或 3 个十六进制的数字（0 表示十进制的 0，f 表示十进制的 255）依次代表红、蓝、绿，并以"#"开始。例如，#000000 和#000 都表示黑色，#ffffff 和#fff 都表示白色，#ff0000 和#f00 都表示红色……
- 颜色名：万维网联盟（W3C）的 HTML 和 CSS 标准提供了 16 种有效的颜色名，即 aqua（淡绿青色）、black（黑色）、blue（蓝色）、fuchsia（樱红色）、gray（灰色）、green（暗绿色）、lime（绿色）、maroon（栗色）、navy（海军蓝）、olive（橄榄色）、purple（紫色）、red（红色）、silver（银灰色）、teal（灰蓝色）、white（白色）和 yellow（黄色）。虽然还有大约 140 种颜色名也可以用于大多数流行的 Internet 浏览器（详见 http://www.w3schools.com/css/css_colors.asp），但是它们并不是全部属于万维网联盟的标准，因此，使用时应该转换成十六进制的方式。
- RGB 数：其格式是 rgb（0~255，0~255，0~255）。例如，rgb（255，0，0）表示红色，rgb（0，255，0）表示蓝色，rgb（0，0，255）表示绿色……
- RGB 百分数：其格式是 rgb（0~100%，0~100%，0~100%）。例如，rgb（100%，0%，0%）表示红色，rgb（0%，100%，0%）表示蓝色，rgb（0%，0%，100%）表示绿色……

2. 长度定义

CSS 的长度单位可以是下述几种：in（英寸）、cm（厘米）、mm（毫米）、em（字高）、pt（点=1/72 英寸）、pc（pica 点=12 点）和 px（像素点）等。其中，em 和 px 的使用更为流行，因为 em 是以字体的高度为标准，px 是以屏幕的尺寸为标准。

2.2.3 常用的样式属性

1. 文字

文字的样式属性可以用于改变文字的字体、粗细、斜体、大小、颜色、行距、对齐方式以及文字上的装饰等。常用的文字样式属性如表 2-1 所示，最常用的属性是 font，它的属性值必须按照规定的顺序 font-weight、font-style、font-variant、font-size/line-height、font-family 以空格相间来设置，例如：

```
font-weight: bold;
font-style: italic;
font-variant: small-caps;
font-size: 1em;
line-height: 1.5em;
font-family: verdana,sans-serif
```

可以简写为：

```
font: bold italic small-caps 1em/1.5em verdana,sans-serif
```

font 的属性值中不一定全部包括上述各项，但是必须包括 font-size 和 font-family。例如，下述语句表示字体的大小为一个字高，字体名为 verdana,sans-serif，其他的字体属性值均为浏览器的默认值。

```
font: 1em verdana,sans-serif
```

表 2-1　　　　　　　　　　　　　　文字样式的常用属性

属 性 名	意　义
font-family	字体名，多个字体名以逗号相间。例如，arial,verdana。多个字体名用于当浏览器不支持第 1 种字体时，浏览器就会选择第 2 种字体……依此类推
font-size	字体大小，其值为 xx-small、x-small、small、medium、large、x-large、xx-large、smaller、larger、百分数或长度定义（详见"2.2.2 CSS 中的颜色和长度定义"）
font-style	字体样式：normal（正常）或 italic（斜体）
font-weight	字体粗细：normal（正常）、bold（粗）、bolder（更粗）、lighter（较细）或 100~900
font-variant	字体是否是小型的大写字母，其值为 normal（正常）、small-caps（小型大写字母）
font	上述 5 种属性的综合应用，顺序是： font-style font-variant font-weight font-size / line-height font-family
color	文字颜色：颜色定义（详见"2.2.2 CSS 中的颜色和长度定义"）
line-height	行距：normal（正常）、数字（表示当前字体高度的倍数）、百分数或长度定义（详见"2.2.2 CSS 中的颜色和长度定义"）
letter-spacing	文字间距：normal（正常）或长度定义（详见"2.2.2 CSS 中的颜色和长度定义"）
text-align	文字的对齐：left（左对齐）、right（右对齐）、center（居中对齐）或 justify（左右对齐）
text-decoration	文字的装饰：none（没有）、underline（下画线）、overline（上画线）或 line-through（删除线）
text-indent	首行缩进：百分数或长度定义（详见"2.2.2 CSS 中的颜色和长度定义"）
text-transform	文字的大小写：none（没有）、capitalize（第 1 个字母大写）、uppercase（大写）或 lowercase（小写）
white-space	文字间空格的处理：none（没有）、pre（保留）或 nowrap（不折行）
word-space	单词间距：normal（正常）、百分数或长度定义（详见"2.2.2 CSS 中的颜色和长度定义"）

2．背景

背景的样式属性可以用于改变指定元素的背景颜色、背景图像及其位置等。常用的背景样式属性如表 2-2 所示。

表 2-2　　　　　　　　　　　　　　背景样式的常用属性

属 性 名	意　义
background-color	背景颜色：transparent（透明）或颜色定义（详见"2.2.2 CSS 中的颜色和长度定义"）
background-image	背景图像：none（没有）或 url（图像路径及图像名）
background-position	背景图像位置：垂直位置（top、center、bottom）、水平位置（left、center、right）、水平百分数（x%）、垂直百分数（y%）或水平长度定义（xpos）、垂直长度定义（ypos）
background-repeat	背景图像重复的方式：no-repeat（不重复）、repeat（重复）、repeat-x（水平方向重复）或 repeat-y（垂直方向重复）
background	上述 4 种属性的综合应用，顺序是： background-color background-image background-repeat background-position

最常用的属性是 background，它的属性值必须按照规定的顺序 background-color、

background-image、background-repeat、background-position 以空格相间来设置，例如：

background：green 表示背景色为绿色；

background：green url(images/bg.gif)表示如果没有找到背景图片 images/bg.gif，那么背景色为绿色，否则背景为重复出现的图片；

background: url(images/bg.gif) repeat-x bottom 表示背景为水平重复出现的图片，并且垂直方向是以底边对齐的。

示例 2-2　在示例 2-1 的基础上，添加一个具有 background 属性的 div 元素。

目的：学习样式中的背景属性设置。

程序文件名：ch2_02.htm。

操作步骤如下。

（1）将示例 2-1 中的第 8 行改写为下述语句，得到如图 2-4（2）所示的背景色效果，其中粗体字为 background 属性，其他属性将在后面讲解。

```
<div style="background:green;width:300px;height:300px;border:1px solid #000"></div>
```

（2）如果将第 8 行再改写为下述语句，得到如图 2-4（3）所示的重复图片效果，其中背景图片如图 2-4（1）所示。

```
<div style="background: green url(images/bg.gif); width:300px;height:300px; border:1px solid #000"></div>
```

（3）如果将第 8 行再改写为下述语句，得到如图 2-4（4）所示的水平重复且底边对齐效果。

```
<div style=" background :url(images/bg.gif) repeat-x bottom; width:300px;height:300px; border:1px solid #000"></div>
```

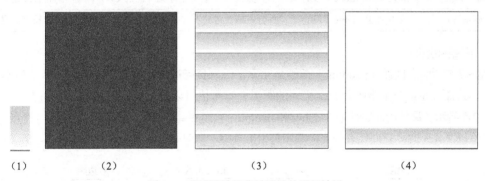

（1）　　　　　（2）　　　　　　　　　（3）　　　　　　　　　（4）

图 2-4　背景图片及背景属性的设置效果

3．边框线

边框线的样式属性可以用于改变指定元素的边框线粗细、类型及颜色等。常用的边框线样式属性如表 2-3 所示，最常用的属性是 border，其属性值必须按照规定的顺序 border-width、border-style、border-color 以空格相间来设置，如 1px solid red 表示宽度为 1px 的红实线。

表 2-3　　　　　　　　　　　　　边框线样式的常用属性

属 性 名	意　　义
border-color	边框线的颜色：颜色定义（详见"2.2.2 CSS 中的颜色和长度定义"）
border-style	边框线的类型：none（无边框线）、dotted（点线）、dashed（虚线）、solid（实线）、double（双线）或立体效果线（groove、ridge、inset、outset）

续表

属 性 名	意 义
border-width	边框线的粗细：thin（细）、medium（中等）、thick（粗）或长度定义
border	上述 3 种属性的综合应用，顺序是： border-width border-style border-color
也可以对 4 个边框线分别定义：border-top-color、border-top-style、border-top-width、border-right-color、border-right-style、border-right-width、border-bottom-color、border-bottom-style、border-bottom-width、border-left-color、border-left-style、border-left-width	

4．高度和宽度

高度和宽度的样式属性用于改变指定元素的高度和宽度。常用的高度和宽度样式属性如表 2-4 所示，其中属性值 auto 表示指定元素的高度或宽度将由浏览器自动计算。

表 2-4　　　　　　　　　　高度和宽度样式的常用属性

属 性 名	意 义
height	高度：auto（自动）、百分数或长度定义（详见"2.2.2 CSS 中的颜色和长度定义"）
width	宽度：auto（自动）、百分数或长度定义（详见"2.2.2 CSS 中的颜色和长度定义"）
min-height	最小高度：none（没有）、百分数或长度定义（详见"2.2.2 CSS 中的颜色和长度定义"）
min-width	最小宽度：none（没有）、百分数或长度定义（详见"2.2.2 CSS 中的颜色和长度定义"）
max-heigth	最大高度：none（没有）、百分数或长度定义（详见"2.2.2 CSS 中的颜色和长度定义"）
max-width	最小宽度：none（没有）、百分数或长度定义（详见"2.2.2 CSS 中的颜色和长度定义"）

5．间距和边距

如图 2-5 所示，间距（padding）指的是元素中的内容与边框线的距离，因此，这个值不可以是负数；边距（margin）指的是元素之间的距离，这个值可以是负数。常用的间距和边距样式属性如表 2-5 所示，最常用的属性为 padding 和 margin，它们的属性值可以是 1 个、2 个、3 个或 4 个，当属性值包含 4 个时，它们代表的 4 边顺序是由上开始，顺时针转一圈，如图 2-6 所示。例如：

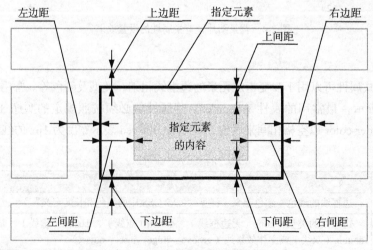

图 2-5　元素的间距和边距

padding: 10px 表示 4 边的间距都是 10px；
padding: 10px 40px 表示上、下间距是 10px，左、右间距是 40px；
padding: 10px 40px 4px 表示上间距是 10px，左、右间距是 40px，下间距是 4px；
padding: 10px 40px 4px 2px 表示上间距是 10px，右间距是 40px，下间距是 4px，左间距是 2px。

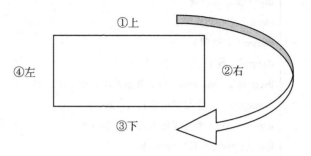

图 2-6 边距和间距属性值的顺序

表 2-5 间距和边距样式的常用属性

属 性 名	意 义
padding-top	上间距：百分数或长度定义（详见 2.2.2 "CSS 中的颜色和长度定义"）
padding-right	右间距：百分数或长度定义（详见 2.2.2 "CSS 中的颜色和长度定义"）
padding-bottom	下间距：百分数或长度定义（详见 2.2.2 "CSS 中的颜色和长度定义"）
padding-left	左间距：百分数或长度定义（详见 2.2.2 "CSS 中的颜色和长度定义"）
padding	上述 4 种属性的综合应用，4 个值的顺序是： padding-top padding-right padding-bottom padding-left
margin-top	上边距：百分数或长度定义（详见 2.2.2 "CSS 中的颜色和长度定义"）
margin-right	右边距：百分数或长度定义（详见 2.2.2 "CSS 中的颜色和长度定义"）
margin-bottom	下边距：百分数或长度定义（详见 2.2.2 "CSS 中的颜色和长度定义"）
margin-left	左边距：百分数或长度定义（详见 2.2.2 "CSS 中的颜色和长度定义"）
margin	上述 4 种属性的综合应用，4 个值的顺序是： margin-top margin-right margin-bottom margin-left

6．列表

列表的样式属性用于改变指定列表项的类型、图像及位置等。常用的列表样式属性如表 2-6 所示。

表 2-6　　　　　　　　　　　　　　　列表样式的常用属性

属 性 名	意 义
list-style-type	列表项符号的类型： none（没有） disc（实心圆点●） circle（空心圆点○） square（方块■） decimal（数字 1、2、3…） decimal-leading-zero（以 0 开始的数字 01、02、03…） lower-roman（小写罗马数 i、ii、iii…） upper-roman（大写罗马数 I、II、III…） lower-alpha（小写字母 a、b、c…） upper-alpha（大写字母 A、B、C…） lower-greek（小写希腊字母 α、β、γ…） lower-latin（小写拉丁字母 a、b、c…） upper-latin（大写拉丁字母 A、B、C…） hebrew（希伯来字母א、ב、ג…） armenian（亚美尼亚字母） georgian（乔治亚字母） cjk-ideographic（中文数字一、二、三…） hiragana（日文あ、い、う…） katakana（日文ア、イ、ウ…）
list-style-position	列表项符号的位置：inside（内）、outside（外）
list-style-image	列表项图像：none（没有）、url（图像路径和图像名）
list-style	上述 3 种属性的综合应用，顺序是： list-style-type list-style-position list-style-image

列表符号不仅可以从 list-style-type 中选取，还可以设置图像为列表符号。例如，下述列表中的样式表设置可以得到如图 2-7 所示的效果。

```
<ol style="list-style:outside url(dot.jpg)">
  <li>item1</li>
  <li>item2</li>
  <li>item3</li>
  <li>item4</li>
</ol>
```

7．位置和布局

位置和布局的样式属性用于改变指定元素与其他元素之间的排列方式、显示方式等。常用的位置和布局样式属性如表 2-7 所示。

表 2-7　　　　　　　　　　　　　位置和布局样式的常用属性

属 性 名	意　义
display	指定元素的显示方式：none（不显示）、inline（行显示）、block（块显示）、list-item（列表显示）
visibility	指定元素的显示方式：hidden（不显示）、visible（显示）
float	指定块元素与其他元素之间的排列方式：left（左排列）、right（右排列）、none（正常方式）
clear	取消 float 方式：left（取消左排列）、right（取消右排列）、both（取消左、右排列）、none（不取消 float 方式）
position	指定元素内的元素位置方式：static（静态的）、relative（相对的）、absolute（绝对的）、fixed（固定的）
left、top、right、bottom	指定元素的位置坐标值：auto（自动）、百分数或长度定义（详见 "2.2.2 CSS 中的颜色和长度定义"）
cursor	光标显示图标：光标文件名或各种类型的光标符（auto、crosshair、default、pointer、move、e-resize、ne-resize、nw-resize、n-resize、se-resize、sw-resize、s-resize、w-resize、text、wait、help）
z-index	指定元素在 z 坐标（前后）方向的显示顺序：数字（数字小的在后面，数字大的在前面）
overflow	指定元素中的内容超出元素框范围的处理方式：auto（当超出时滚动显示）、scroll（总是显示滚动条）、hidden（不显示超出部分）、visible（显示全部内容）
vertical-align	指定元素在垂直方向的对齐方式：baseline（基准线）、sub（下标）、super（上标）、top（顶部）、text-top（文字顶部）、middle（中部）、bottom（底部）、text-bottom（文字底部）、百分数或长度定义（详见 "2.2.2 CSS 中的颜色和长度定义"）

- float 和 clear

float 属性专门用于将块状的元素进行横向排列。例如，下述 div 元素的 float 属性设置就会得到如图 2-8 所示的效果。

```
<div id="box1" style="float:left;margin:10px;border:1px">BOX1</div>
<div id="box2" style="float:left;margin:10px;border:1px">BOX2</div>
<div id="box3" style="float:left;margin:10px;border:1px">BOX3</div>
```

图 2-7　图像列表符　　　　　　　　图 2-8　float 属性的效果

而 clear 属性则是用于清除 float 的设置，这样才能保证后面的元素会按正常的方式显示，常用的格式如下：

```
<div style="float:left"></div>
<div style="float:left"></div>
<div style="float:left"></div>
…
<br style="clear:both">
…
```

- overflow

使用overflow属性时,常与width和height属性一起使用,当元素中的内容超出width或height属性的设置值时,就会按overflow的属性值决定是否显示滚动条。例如,在下列属性设置中,设置不同的overflow值,就会得到如图2-9所示的不同效果。

```
<div style="width:100px;height:300px;overflow:visible;font-size:20px;
border:1px solid #000">
  <p>This is a test page. bla bla bla</p>
  <p>This is a test page. bla bla bla</p>
  <p>This is a test page. bla bla bla</p>
  <p>This is a test page. bla bla bla</p>
</div>
```

图2-9 overlow属性值的不同效果

- position、left、top、right、bottom 及 z-index

默认状态下元素的position属性值是static,这时显示元素的顺序是按照HTML文档中的元素顺序进行的,而设置position、left、top、right、bottom、z-index等属性将会改变正常的元素显示方式,使元素按照设置的方式进行显示。

例如,当一个div元素设置的样式是position:absolute; left:100px; top:50px 时,表示它的显示方式为绝对位置,元素的左(x)坐标为20px,顶部(y)坐标为10px,默认状况下,坐标的计算原点(0,0)为屏幕的左上角,如图2-10左图所示。

```
<div style="position:absolute;left:100px;top:50px;width:100px; height:150px;
background:#666"> </div>
```

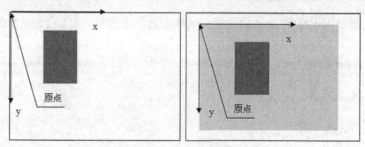

图2-10 绝对位置与相对位置

如果上述元素外围有一个 div 元素，它的样式中设置了相对位置（position:relative），这就表示，包含在相对位置元素中的所有绝对位置的元素将以该元素的左上角为原点，如图 2-10 右图所示。

```
<div style="position:relative;margin:100px; ">
  <div style="position:absolute;left:20px;top:10px;width:100px;
height:50px; background:#ff0000"> </div>
</div>
```

z-index 的属性值表示的是元素前后的重叠显示方式，数值大的元素将显示在数值小的元素上面。例如，下述语句设置了 3 个 div 元素，分别设置了 3 个 z-index 值，得到如图 2-11 所示的重叠效果。

```
<div style="position:absolute;left:100px;top:50px;width:100px;
height:150px;background:#666;z-index:1"> </div>
<div style="position:absolute;left:160px;top:80px;width:100px;
height:150px;background:#999;z-index:2"> </div>
<div style="position:absolute;left:210px;top:120px;width:100px;
height:150px;background:#bbb;z-index:3"> </div>
```

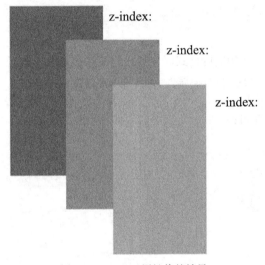

图 2-11　z-index 属性值的效果

- display 和 visibility

display 和 visibility 属性虽然都可以表示元素的隐藏与显示，但是，它们所表现的方式是不同的，详见"3.1.2 网页内容的隐藏与显示"。

2.2.4　定义样式表

前面介绍并使用了"元素中的样式表"定义方式，它的特点是，元素的样式可以直接在元素的标签中设置。但是，由于样式的内容往往较多，这样 HTML 的文档结构就会显得很乱，特别是当有多个元素使用相同的样式表时，这种方式使 HTML 文档显得更为"臃肿"，这时就应该使用内部样式表或外部样式表。

内部样式表或外部样式表与元素中的样式表的主要区别在于，前者需要通过指定"对象"来定义样式表。

指定"对象"来定义样式表的语法规则如下：

对象1，对象2 …{ 样式表 }

其中，"样式表"已经在"2.2.1 样式和样式表"中介绍过了；"对象"可以是下述任意一种情况的设置。

1. 元素名对象

元素名对象用于网页中所有的指定元素。例如，定义样式：

```
em { color: green}
```

那么，网页中所有的 em 元素中的内容都会是绿色的，如图2-12所示。

```
<body>
  <p>这是一段<em>文字</em>内容</p>
  <p>这是另一段文字内容</p>
  <ul>
    <li>列表项1</li>
    <li>列表项2</li>
    <li>列表项<em>3</em></li>
  </ul>
</body>
```

2. 自定义对象

当网页中多个元素都具有相同的样式时，就可以设置自定义对象了。自定义对象时，对象名之前为一个点"."，应用时使用 class 属性，即 class="自定义对象名"。例如，定义样式：

```
.big { font-size:120%}
```

那么，网页中所有标有 class="big"元素中的字体都会变大，如图2-13所示。

```
<body>
  <p class="big">这是一段<em>文字</em>内容</p>
  <p>这是另一段文字内容</p>
  <ul>
    <li class="big">列表项1</li>
    <li>列表项2</li>
    <li>列表项<em>3</em></li>
  </ul>
</body>
```

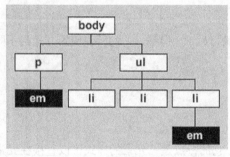

图2-12 元素名对象

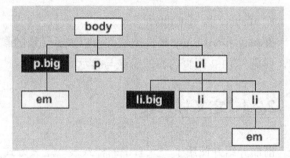

图2-13 自定义对象

3. 元素名和自定义对象的组合

元素名和自定义对象的组合设置用于指定"某元素名中的自定义对象"。例如，定义样式：

```
p.big { font-size:120%}      /* 只影响p元素中的"big"样式 */
li.big { font-weight:bold}   /* 只影响li元素中的"big"样式 */
```

那么，p 元素中标有 class="big"的字体都会变大，li 元素中标有 class="big"的字体都会变为粗体，如图 2-14 所示。

```
<body>
  <p class="big">这是一段<em>文字</em>内容</p>
  <p>这是另一段文字内容</p>
  <ul>
    <li class="big">列表项 1</li>
    <li>列表项 2</li>
    <li>列表项<em>3</em></li>
  </ul>
</body>
```

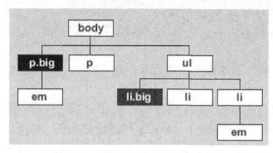

图 2-14　元素名和自定义对象的组合

4．多个自定义对象的组合

例如，定义样式：

```
.big { font-size:120%}
.red { color: red}
```

那么，元素中标有 class="big red"的字体都会变大并且变为红色。

```
<body>
  <p class="big red">这是一段<em>文字</em>内容</p>
  <p>这是另一段文字内容</p>
  <ul>
    <li>列表项 1</li>
    <li>列表项 2</li>
    <li>列表项<em>3</em></li>
  </ul>
</body>
```

5．标识名对象

标识名对象用于网页中指定的标识名元素，定义时标识名前有一个"#"。与自定义对象不同的是，在一个网页中，自定义对象的样式可以用于多个元素，而标识名对象的样式只可用于一个元素。例如，定义样式：

```
#nav { color:blue};
p#description {font-size:85%}
```

那么，标识名为 nav 元素的字体颜色是蓝色，p 元素中标识名为 description 元素的字体会变小。

```
<body>
  <p id="description">这是一段<em>文字</em>内容</p>
  <p>这是另一段文字内容</p>
  <ul id="nav" >
    <li>列表项 1</li>
```

```
    <li>列表项 2</li>
    <li>列表项<em>3</em></li>
  </ul>
</body>
```

6. 下级对象

下级对象用于某一种元素中的下级元素，定义时两元素名之间用空格相间。例如，定义样式：

```
p em {color: blue;}
```

那么，只有 p 元素中的 em 元素的字体颜色是蓝色，如图 2-15 所示。值得注意的是，这里的"下级元素"并不只限于"下一级"，也可以是"下几级"的元素。

```
<body>
  <h1>这是<em>大标题</em></h1>
  <p>这是一段<em>主要的</em>文字内容.</p>
</body>
```

7. 下一级对象

下一级对象用于某一种元素中的下一级元素，定义时两元素名之间用">"相间。例如，定义样式：

```
div > em {color: blue;}
```

那么，只有 div 元素中下一级的 em 元素的字体颜色是蓝色，如图 2-16 所示。

```
<body>
  <h1>这是<em>大标题</em></h1>
  <div>
    这是一段<em>主要的</em>文字
    <p>这是<em>另一段</em>文字</p>
  </div>
</body>
```

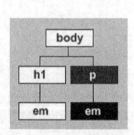
图 2-15 下级对象

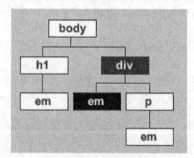
图 2-16 下一级对象

8. 所有元素对象

所有元素对象用于网页中的所有元素，定义时用符号"*"表示。例如，定义样式：

```
* {color: blue;}
```

那么，网页中的所有元素的字体颜色都是蓝色，如图 2-17 所示。

9. 相邻对象

相邻对象用于某一种元素相邻的另一个元素，定义时两元素名之间用"+"相间。例如，定义样式：

```
h2 + h3 {color: blue;}
```

那么，只有与 h2 元素相邻的 h3 元素的字体颜色是蓝色，如图 2-18 所示。

```
<body>
```

```
<h2>这是<em>二级</em>标题</h2>
<h3>这是三级标题</h3>
<p>这是<em>主要的</em><b>文字</b>内容</p>
</body>
```

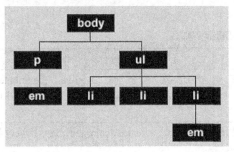

图 2-17　所有元素对象

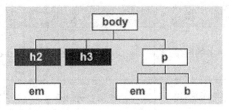

图 2-18　相邻对象

10．属性对象

属性对象用于指定元素中含有指定属性的元素，定义时元素名后用"[ ]"指定属性内容。它的分类及其格式和示例如表 2-8 所示。

表 2-8　　　　　　　　　　　用元素的属性对象定义样式

类　型	格　式	意义和示例
属性名对象	元素名[属性名]	表示指定元素名中含有指定属性的所有元素。例如： img[title] { border: 1px solid #000; } 表示网页中 img 元素含有 title 属性的图片都会显示黑色的边框线
属性值对象	元素名[属性名="属性值"]	表示指定元素名中含有指定属性值的所有元素。例如： img[src="small.gif"] { border: 1px solid blue; } 表示网页中 img 元素属性 src 的值是 small.gif 的图片都会显示蓝色的边框线
任意属性值对象	元素名[属性名~="属性值"]	表示指定元素名的属性如果其值含有空格，那么，其中任意一项为指定属性值的元素。例如： img[alt~="small"] { border: 1px solid green; } 如果网页中有一个 img 元素的 alt 属性值是"small median large"，这个图片就会显示绿色的边框线
起始属性值对象	元素名[属性名|="属性值"] 或 元素名[属性名^="属性值"]	表示指定元素名的属性如果其值以指定属性值开始的元素。例如： *[lang|="en"] { color:red; } 表示网页中所有元素，如果包含属性 lang 并且其值是以 en 开始的，如"en"、"en-US"，它的颜色就会为红色
结束属性值对象	元素名[属性名$="属性值"]	表示指定元素名的属性如果其值以指定属性值结束的元素。例如： a[src$=".pdf"] { color:red; } 表示网页中 a 元素，如果其属性 src 的值是以.pdf 结束的，它的颜色就会为红色
包含属性值对象	元素名[属性名*="属性值"]	表示指定元素名的属性如果其值包含指定属性值的元素。例如： a[src*="art"] { color:red; } 表示网页中 a 元素，如果其属性 src 的值是包含 art 的，它的颜色就会为红色

11. 状态或级别对象

状态或级别对象用于某一种元素的状态或级别，定义时元素名与状态之间用"：" 相间。常用的状态或级别对象如表 2-9 所示，其中一部分是 CSS 定义的，当前流行的浏览器的最新版本都支持这些定义。

表 2-9　　　　　　　　　　　常用元素的状态或级别定义样式

类　　型	格　　式	示　　例
未单击的链接	元素名：link	常用于链接元素。例如，a:link {color:blue ; text-descoration:none} 表示网页中未单击的链接为蓝色，并且没有下画线
单击过的链接	元素名：visited	常用于链接元素。例如，a:visited {color:red} 表示网页中单击过的链接为红色
鼠标在元素上时	元素名：hover	常用于链接元素。例如，a:hover {text-descoration:underline} 表示当鼠标移动到链接上时，链接带有下画线
光标在元素上时	元素名：focus	常用于表单元素。例如，input:focus {background:yellow} 表示当光标落在表单元素上时，其背景变为黄色
选择的元素	元素名：selected	常用于表单元素。例如，input:selected 表示被选上的表单元素
可以使用的元素	元素名：enabled	常用于表单元素。例如，input:enabled 表示可以使用的表单元素
不可以使用的元素	元素名：disabled	常用于表单元素。例如，input:disabled 表示不可以使用的表单元素
不是指定的元素	:not（元素名）	例如，:not(p) 表示全部不是段落 p 元素的其他元素
第 1 个字符	元素名：first-letter	例如，p:first-letter 表示所有段落 p 元素的第 1 个字符
第 1 行	元素名：first-line	例如，p:first-line 表示所有段落 p 元素的第 1 行内容
元素前插入	元素名：before	例如，p:before{content: "请仔细阅读"} 表示在每个段落 p 元素之前都插入"请仔细阅读"文字
元素后插入	元素名：after	例如，p:after{content: "谢谢阅读以上内容"} 表示在每个段落 p 元素之后都插入"谢谢阅读以上内容"文字
只有一个元素	元素名：only-child	例如，p:only-child 表示对于上一级元素而言，只包含这个段落 p 元素
第 1 个子元素	元素名：first-child	例如，ul:first-child 表示所有 ul 元素中的第 1 个子元素
第 n 个子元素	元素名：nth-child(n)	例如，ul:nth-child(2) 表示所有 ul 元素中的第 2 个子元素
最后一个子元素	元素名：last-child	例如，ul:last-child 表示所有 ul 元素中的最后一个子元素
最后 n 个子元素	元素名：nth-last-child(n)	例如，ul:nth-last-child(2) 表示所有 ul 元素中的倒数第 2 个子元素
第 1 种元素	元素名：first-of-type	例如，p: first-of-type 表示对于上一级元素而言，这个段落 p 元素是第 1 个段落 p 元素
最后一种元素	元素名：last-of-type	例如，p: last-of-type 表示对于上一级元素而言，这个段落 p 元素是最后一个段落 p 元素
第 n 种元素	元素名：nth-of-type(n)	例如，p: nth-of-type(2) 表示对于上一级元素而言，这个段落 p 元素是第 2 个段落 p 元素
最后 n 种元素	元素名：nth-last-of-type(n)	例如，p: nth-last-of-type(2) 表示对于上一级元素而言，这个段落 p 元素是倒数第 2 个段落 p 元素

12. 注释行

在定义样式表的语句中还可以加入注释语句，它的格式是在/* */之间加入注释内容。例如：

```css
/* 这里是单行注释 */
p { margin: 1em;      /* 这里也可以写注释 */
    padding: 2em;
    /* color: white; 这里加了注释，样式就不起作用了*/
    background-color: blue;
  }
/*
  多行注释
  可以这样写
*/
```

2.2.5 内部样式表和外部样式表

1. 内部样式表

内部样式表是将定义样式表的内容放在 style 元素中，并且设置 type 属性为"text/css"，然后将 style 元素放在 HTML 文档的 head 元素中。

示例 2-3 将 ch2_01.htm 文档修改为内部样式表方式，其中粗体部分就是内部样式表的定义内容。

目的：学习内部样式表的设置。

程序文件名：ch2_03.htm。

```
 1   <html>
 2     <head>
 3       <title>我的网页</title>
 4       <style type="text/css">
 5         h1 {
 6           color: red;
 7           font-style:italic;
 8         }
 9       </style>
10     </head>
11     <body>
12       <h1>欢迎进入我的网页</h1>
13       <hr>
14       <p>这是我的<b>第一个</b>网页.</p>
15     </body>
16   </html>
```

2. 外部样式表

当多个 HTML 文档使用相同的样式表定义时，就应该使用外部样式表。外部样式表是将定义样式表的内容放在一个文本文件中，一般都是以".css"作为扩展名，然后在 HTML 文档的 head 元素中插入 link 元素，通过下述格式将外部样式表文件链接到 HTML 文档中。

```html
<link rel="stylesheet" type="text/css" href="外部样式表文件.css" >
```

示例 2-4 将 ch2_03.htm 文档修改为外部样式表方式。

程序文件名：ch2_04_css.css。

```
1      h1 {
2        color: red;
3        font-style:italic;
4      }
```

程序文件名：ch2_04.htm。

```
1    <html>
2     <head>
3      <title>我的网页</title>
4      <link rel="stylesheet" type="text/css" href="ch2_04_css.css" >
5     </head>
6     <body>
7      <h1>欢迎进入我的网页</h1>
8      <hr>
9      <p>这是我的<b>第一个</b>网页。</p>
10    </body>
11   </html>
```

2.2.6 层叠式应用规则

前面介绍了 3 种定义样式表的方式：

（1）外部样式表文件。

（2）内部样式表，定义在<style>标记中。

（3）元素中的样式，使用 style="…"的方式。

一个网页中可以同时包含上述 3 种方式定义的样式表，当出现重复定义的样式对象时，按"层叠式"规则应用，即：

- 在同一个方式中的重复定义的样式对象，后定义的有效；
- 在不同方式中的重复定义的样式对象，元素中的样式优先级最高，外部样式表文件最低。

例如，下述内部样式定义了所有 div 元素的行高是 1.2 倍的字高，而 box3 的 div 元素中又定义了行高是 2 倍的字高，那么，这时候 box3 中文字的行高是多少呢？根据样式表定义的"层叠式"规则，box3 元素中的样式表定义起作用，因此，它的行高是 2 倍的字高。

```
<style type="text/css">
  div {line-height: 1.2em}
</style>

<div id="box1">…</div>
<div id="box2">…</div>
<div id="box3" style="line-height:2em">…</div>
```

第3章 CSS 实用技巧

本章主要内容：
- CSS 的常用技巧
- CSS 用于网页布局设计
- CSS 用于菜单和标签设计
- CSS 其他设计原则

3.1 CSS 的常用技巧

随着 CSS 技术的不断发展，CSS 在网页的设计中变得越来越重要，人们根据 CSS 的基本规则，针对网页设计中常用的一些功能，逐渐总结出许多设计技巧。这里将通过示例介绍其中一些最常用技巧，在这些示例里我们主要给出 HTML 和 CSS 的相关程序语句，而不会给出全部的程序内容，读者在应用过程中应该加上 HTML 的一些必须的程序内容，如 doctype 语句、html 元素、head 元素以及 body 元素等。

```
<!DOCTYPE HTML PUBLIC "-//W3C//DTD HTML 4.01//EN"
"http://www.w3.org/TR/html4/ strict.dtd">
<html lang="zh-CN">
  <head>
    <meta http-equiv="Content-Type" content="text/html; charset=gb2312">
    <meta http-equiv="Content-Language" content="zh-CN">
    <title>…</title>
  </head>
  <body>
    …
  </body>
</html>
```

3.1.1 网页内容的居中对齐

1．在屏幕中水平居中的文本框

通过 CSS 的 text-align:center 属性，可以使屏幕中的文字居中对齐，但是，它不能使屏幕中的一个块状元素居中对齐，示例 3-1 介绍的方法就是为了居中对齐一个块状元素。

示例 3-1 制作如图 3-1 左图所示的在屏幕中水平居中的文本框。

程序文件名：ch3_01.htm。

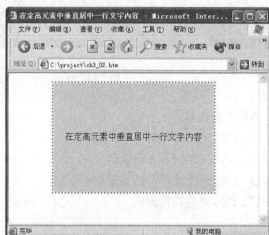

图 3-1 水平居中的文本框

操作步骤如下。

（1）在 body 元素中插入标识名为 content 的 div 元素，并在其中放入一些文字内容。

```
<div id="content">水平居中的文本框</div>
```

（2）然后，定义下述样式表，其中关键的语句是在 div 元素中设置水平边距 margin 的属性值为 auto，这样就可以得到如图 3-1 左图所示的效果。

```
<style type="text/css">
  body {text-align:center;}      /* 为了兼容低版本的 IE 浏览器 */
  #content{
    margin:0 auto;               /* 水平居中对齐 */
    height:200px;
    width:300px;
    background-color:#ddd;
    border:3px dotted red;
  }
</style>
```

2．在定高元素中垂直居中一行文字内容

由于 CSS 的 verticle-align:middle 属性在块状显示方式下不起作用，因此，示例 3-2 通过另外一种方法来垂直居中对齐一行文字内容。

示例 3-2　制作如图 3-1 右图所示的在定高块状元素中垂直居中一行文字的效果。

程序文件名：ch3_02.htm。

操作步骤如下。

（1）按示例 3-1 进行操作。

（2）在上述定义 content 样式表的语句中加入 line-height 的属性值为 div 高度就可以了。

```
#content{
  margin:0 auto;         /* 水平居中对齐 */
  height:200px;
  width:300px;
  background-color:#ddd;
  border:3px dotted red;
  line-height:200px;     /* 设置与块状元素高度相同的值 */
}
```

3. 在屏幕中水平和垂直都居中的文本框

由于不能够用前面介绍的制作"水平居中的文本框"的方法得到"在屏幕中水平和垂直都居中的文本框"的效果，示例 3-3 将通过另一种方法得到这样的效果。

示例 3-3　制作如图 3-2 所示的在屏幕中水平和垂直都居中的文本框。

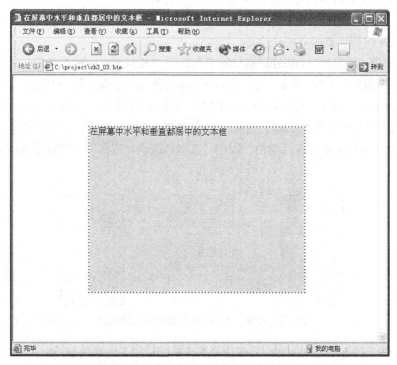

图 3-2　在屏幕中水平和垂直都居中的文本框

程序文件名：ch3_03.htm。

操作步骤如下。

（1）首先，制作一个标识名为 content 的 div 元素。

```
<div id="content">在屏幕中水平和垂直都居中的文本框</div>
```

（2）然后，在定义文本框 div 的样式表中设置"绝对位置"属性，并且设置左坐标和上坐标均为 50%，左边距为负的文本框宽度的一半，上边距为负的文本框高度的一半，这样就可以达到水平和垂直都居中对齐的效果。

```
<style type="text/css">
  #content {
  height: 200px;
  width: 300px;
  position: absolute;         /* 绝对位置 */
  top: 50%;
  left: 50%;
  margin-top: -100px;         /* 高度的一半 */
  margin-left: -150px;        /* 宽度的一半 */
  border:3px dotted red;
  background-color:#ddd;
  }
</style>
```

3.1.2　网页内容的隐藏与显示

CSS 在网页中设置网页内容的隐藏与显示有 3 种方式。

（1）设置 display 属性：display:none 表示隐藏，display:block 表示以块元素的方式显示，display:inline 表示以行元素的方式显示等。

（2）设置 visibility 属性：visibility:hidden 表示隐藏，display:visible 表示显示。

（3）设置 left 属性为负数：例如，left:-9999px，即设置元素远离屏幕，起到了"隐藏"的效果。

上述 3 种方式中，方式（1）和方式（2）的区别如图 3-3 所示。左图为 3 个块元素；中图为使用 display 的方式隐藏 2 号块元素，这时 3 号块就会上移；右图为使用 visibility 的方式隐藏 2 号块元素，这时 2 号块的位置变为空白。因此，在网页的设计过程中应该根据需要选择相应的属性设置。

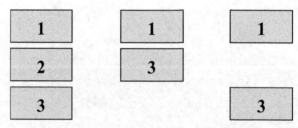

图 3-3　display 与 visibility 隐藏方式的比较

使用方式（3）的方法隐藏网页内容较为简单，特别适用于元素的 position（位置）属性设置为 absolute（绝对）或 relative（相对）的元素。

3.1.3　方框长度的计算

当一个 div 元素设置了边框线宽度（border-width）、间距（padding）和宽度（width）等值后，它的总宽度应该是这些值的总和。例如，按下述样式表定义了 div 元素后，它的总宽度就应该是

100px + 25px × 2 + 10px × 2 = 170px，如图 3-4 所示。

```
/* 样式表定义*/
div.box {
  border:10px solid #999;
  padding:25px;
  width:100px;
}
...
<!-- HTML 元素 -->
<div class="box"> ... </div>
```

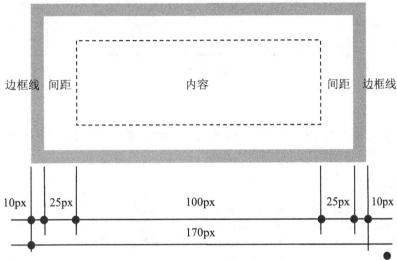

图 3-4 方框长度的计算

但是，在 IE 浏览器中，IE 6 之前的版本计算方法与上述的计算方法是不一样的，它们的结果是，总宽度为 100px，内容的宽度则是 100px−25px × 2 − 10px × 2 = 30px。

为了使样式表定义适用于所有的浏览器，可以在 div 元素中再加一个 div 元素，在这个 div 中只设置宽度，在里面的 div 中不设置宽度，即按下述方法定义样式表。

```
/* 样式表定义*/
div.box { width: 170px; }
div.box div {
  border:10px solid #999;
  padding:25px;
}
...
<!-- HTML 元素 -->
<div class="box"><div>...</div></div>
```

3.1.4 圆角边框

在网页中制作圆角边框的效果可以有多种方法，下面介绍的是不使用图片和 JavaScript，而是通过 CSS 来实现圆角边框的方法，这种方法可以适用于当前流行的浏览器的最新版本，如 IE9 以上，Firefox3.7 以上。

示例 3-4 制作如图 3-5 所示的圆角边框的效果。

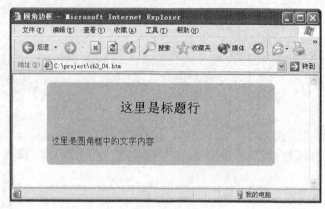

图 3-5 圆角边框

程序文件名：ch3_04.htm。

操作步骤如下。

（1）在 body 元素中插入标识名为 container 的 div 元素，然后在其中插入任意的文字内容，这里插入了一行标题和一行段落文字。

```
<div id="container" >
  <h2>这里是标题行</h2>
  <p>这里是圆角框中的文字内容</p>
</div>
```

（2）下面开始设置样式表。首先设置 container 的背景颜色及宽度，然后将边框线设置成与背景相同的颜色，再设置边框线的半径 border-radius，下面的-moz-border-radius 设置用于早期的 Firefox 浏览器。

```
<style type="text/css">
  #container {
    margin: 0 10%;
    background: #9bd1fa;
    border:2px solid #9bd1fa;
    border-radius:25px;              /* 圆角半径 */
   -moz-border-radius:25px;          /* 用于早期的Firefox浏览器 */
  }
  /* 以下是针对圆角框中的内容 */
  h2, p {padding:10px}
  h2 {text-align:center}
</style>
```

3.1.5 图片

1．在文档中插入图片

示例 3-5 制作如图 3-6 所示的在文档的一角插入图片的效果。

程序文件名：ch3_05.htm。

操作步骤如下。

（1）在 body 元素中插入 img 元素和 p 元素，设置 img 的自定义样式表名为 leftImg。

```
<img src="images/baby.jpg" class="leftImg" alt="">
<p>...</p>
```
（2）设置自定义样式表 leftImg 为左排列 float:left 就可以了。
```
<style type="text/css">
  .leftImg {float:left;margin:0 10px 10px 0}
</style>
```
2．透明图片

网页中图片或任何 HTML 元素的透明都可以通过 CSS 来设置。由于最常用的浏览器 IE 和 Firefox 所使用的透明设置语句不同，因此，一般应该将两种方式都放在样式表的定义中。

Firefox 浏览器的透明设置：opacity:x，其中 x 的值为 0.0～1.0，较小的值表示更透明；

IE 浏览器的透明设置：filter:alpha(opacity=x)，其中 x 的值为 0～100，较小的值表示更透明。

因此，如图 3-7 右图所示的图片其透明度是 50%，它的设置如下：

```
<img src="images/baby.jpg" alt="baby" style="opacity:0.5; filter: alpha(opacity=50) ">
```

图 3-6　在文档中插入图片　　　　　　　图 3-7　图片的透明度

示例 3-6　制作如图 3-8 所示的具有透明边框效果的图片，该图片宽为 440px，高为 330px。程序文件名：ch3_06.htm。

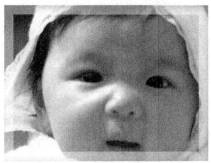

图 3-8　透明边框效果的图片

操作步骤如下。

（1）首先，制作一个有背景图片的 div 元素。

```
<style type="text/css">
  #base {
    background:url(images/baby_big.jpg);
    width:440px;
```

```
    height:330px;
  }
</style>
<div id="base"></div>
```

（2）然后，在上述 div 元素中插入一个 20px 边框线的 div 元素，并且设置透明度是 50%，即可完成制作。

```
#base div {
  width:400px; /* 440px-20px-20px */
  height:290px; /* 330px-20px-20px */
  border:20px solid #fff;
  opacity:0.5;
  filter:alpha(opacity=50)
}
<div id="base">
  <div></div>
</div>
```

3．叠加图片

第 1 章中介绍 img 元素时曾经提到过网页中的图片格式有 3 种：jpg、gif 和 png，其中 gif 和 png 可以制作透明图片，而只有 png 格式的透明图片可以制作出具有渐变的、高质量的图片效果，因此它可以用于叠加图片。值得注意的是，IE 6 及以下的版本都不支持 png 图片的透明效果。

示例 3-7 将一个 png 的透明图片与任何图片组合，制作叠加图片的效果。

程序文件名：ch3_07.htm。

操作步骤如下。

（1）使用图像处理软件，如 Photoshop，制作如图 3-9 所示的中间透明的 png 图片，文件名为 frame.png。

图 3-9 png 的透明图片

（2）在 HTML 文档中制作一个有背景图片的 div 元素，如图 3-10（1）所示。

```
<style type="text/css">
  #pict1 {
    background:url(images/baby_big.jpg);
    width:440px;
    height:330px
  }
</style>
<div id="pict1"></div>
```

（3）在上述 div 中加入需要叠加在图片上方来制作特殊效果的 img 元素，得到如图 3-10（2）所示的效果。

```
<div id="pict1">
  <img src="images/frame.png" alt="">
</div>
```

（4）下述语句可以在图 3-10（3）所示的图片上得到相同的效果，如图 3-10（4）所示。

```
#pict2 {
  background:url(images/baby_3.jpg);
  width:440px;
  height:330px
```

```
}
<div id="pict2">
  <img src="images/frame.png" alt="">
</div>
```

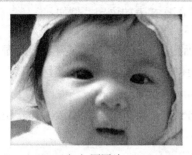

（1）原图片　　　　　　　　　　　（2）叠加后的效果

（3）原图片　　　　　　　　　　　（4）叠加后的效果

图 3-10　图片叠加的效果

4．阴影效果

利用 CSS 所提供的阴影设置，可以方便地制作各种阴影效果显示于最新版本的浏览器中。

示例 3-8　制作一个如图 3-11 所示的图片阴影效果。

程序文件名：ch3_08.htm。

操作步骤如下。

（1）在 HTML 的 body 元素中放入一个 img 元素，图片文件名为 baby_big.jpg。

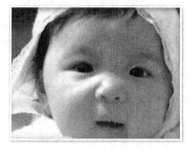

图 3-11　图片的阴影效果

```
<img src="images/baby_big.jpg"/>
```

（2）然后设置样式表如下，边框线宽度为 5px，方框水平方向的阴影宽度为 4px，垂直方向的阴影宽度为 10px，模糊的距离为 6px，完成操作。

```
img {
  border:5px solid #fff;
  box-shadow: 4px 10px 6px #888888;
}
```

3.1.6　定义外部样式表的选项

1．制作适合打印的网页

制作适合打印的网页时，往往需要调整网页的显示方式。例如，取消背景颜色，将白色的文字变为黑色的文字,去掉一些图片的动画效果,去掉广告栏、导向菜单栏,将所有的链接加上下画线,对于具有滚动条的方框内容取消滚动条等。我们可以通过定义一个适合打印的外部样式表,然后通过设置其 media 选项,就可以有效地达到这一效果。具体操作如下:

(1)在 HTML 的 head 元素中,插入一行定义外部样式表的语句,例如:

```
<link rel="stylesheet" type="text/css" href="print.css" media="print">
```

在默认情况下,media 的属性值是 screen,表示所定义的外部样式表是用于屏幕显示的;如果设置为 print,则表示该外部样式表是用于打印的。有关 link 元素 media 属性的其他设置,详见 http://www.w3.org/TR/html401/types.html#type-media-descriptors。

(2)新建一个 CSS 的文本文件,如文件名为 print.css,然后将需要修改的样式表内容写在里面,如做以下修改。

- 取消背景颜色,将白色的文字变为黑色的文字。

```
body { color: #000000; background: #ffffff; }
```

- 将所有的链接加上下画线,并且变为蓝色。

```
a { text-decoration: underline; color: #0000ff; }
```

- 去掉一些图片的动画效果,去掉广告栏、导向菜单栏。首先为这些内容的元素分别定义标识,例如:

```
<div id="navigation">...</div>
<div id="advertising">...</div>
<div id="other">...</div>
```

然后定义样式表如下:

```
#navigation, #advertising, #other { display: none; }
```

- 对于具有滚动条的方框内容取消滚动条。例如,有一个高度为 200px 的 div 元素,当里面的内容很多时,屏幕上就会显示垂直滚动条。

```
<div id="scrollBox">...</div>
```

屏幕显示时的样式表为:

```
#scrollBox {width:200px; height:200px; overflow:auto}
```

那么,在 print.css 中加入下述语句就可以了。

```
#scrollBox {width:200px; height:auto}
```

2. 制作适合不同 IE 版本浏览器的网页

前面曾经介绍过,CSS 在不同的浏览器中有时会显示出不同的效果。对于 IE 浏览器,可以通过使用只有 IE 浏览器可以识别的 HTML 注释语句来应用不同的外部样式表文件,例如:

```
<!--[if IE 5]>
  <link rel="stylesheet" href="ie5.css" type="text/css">
<![endif]-->
```

IE 浏览器将会解释为:如果是 IE 5,则应用 ie5.css 文件。其他适用的条件语句有:

```
<!--[if gt IE 5]> 表示高于 IE 5 版本;
<!--[if gte IE 5]> 表示高于或等于 IE 5 版本;
<!--[if lt IE 6]> 表示小于 IE 6 版本;
<!--[if lte IE 6]> 表示小于或等于 IE 6 版本;
<!--[if ! (IE 6)]> 表示不等于 IE 6 版本。
```

由于该语句符合 HTML 注释语句的格式<!-- … -->,因此,里面的内容将被 IE 以外的浏览器忽略。

3. 在外部样式表文件中包含其他样式表文件

为了使 HTML 文档简洁明了,在 head 元素中一般包含一个外部样式表的定义语句,例如:

```
<link rel="stylesheet" href="main.css" type="text/css">
```
而在 CSS 的设计中，特别是应用于较大的网站设计中，应该根据内容建立不同的 CSS 文件，例如：

base.css——用于公用的、基本的样式表定义；

edit.css——用于编辑网页的样式表定义；

detail.css——用于详细内容网页的样式表定义；

……

然后，在 main.css 文件中通过 import 语句将这些 CSS 文件集中在一起。

```
@import url("base.css");
@import url("edit.css");
@import url("detail.css");
...
```

3.2 CSS 用于网页布局设计

网页布局是网页设计的最基本的内容，最常用的网页布局如图 3-12 所示，有单列式、两列式、三列式等。

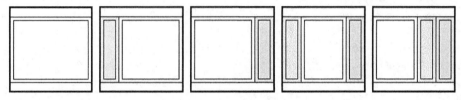

图 3-12 常用的网页布局方式

网页布局的主要设计原则是。

（1）用 div 元素划分各个区域，如标题广告区、导向菜单区、主要内容区等。

（2）定义这些区域的样式表，其中主要内容区的宽度会随着屏幕宽度的变化而改变，这样可以有效地利用屏幕上的空间。

（3）定义每个区域中块状元素的间距和边距。

（4）定义每个区域的背景色、字体颜色、边框线等。

示例 3-9 制作如图 3-13 所示的两列排版方式的网页效果。

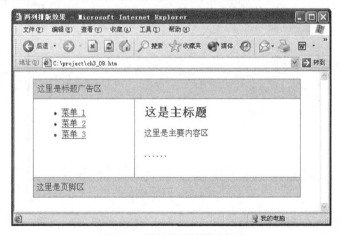

图 3-13 网页的两列排列布局

程序文件名：ch3_09.htm。

操作步骤如下。

（1）首先，根据网页内容制作各个 div 块，其中 id 为 container 的是最外围的 div 块，里面包括 top（标题广告区）、leftnav（左菜单导向区）、content（主要内容区）以及 footer（页脚区）4 个区域。

```html
<div id="container">
  <div id="top"></div>
  <div id="leftnav"></div>
  <div id="content"></div>
  <div id="footer"></div>
</div>
```

（2）然后，在各个区域中加入一些内容，得到如图 3-14 所示的效果。

```html
<div id="container">
<div id="top">这里是标题广告区</div>
  <div id="leftnav">
    <ul>
      <li><a href="#">菜单 1</a></li>
      <li><a href="#">菜单 2</a></li>
      <li><a href="#">菜单 3</a></li>
    </ul>
  </div>
  <div id="content">
    <h2>这是主标题</h2>
    <p>这里是主要内容区</p>
    <p>……</p>
  </div>
  <div id="footer">
    <p>这里是页脚区</p>
  </div>
</div>
```

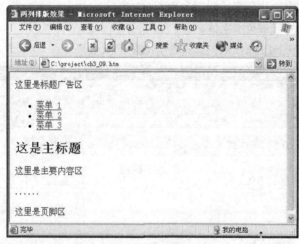

图 3-14　网页内容

（3）最后定义各个区域的样式表。

- 外围框元素 container 的宽度是整个屏幕宽的 90%，设置左、右边距是 auto 使它居中对齐，并且加上背景色和边框线，定义网页内容的字体颜色和行高。

```css
#container {
    width: 90%;                         /* 宽度是屏幕宽的 90% */
    margin: 0 auto;                     /* 居中对齐 */
    background-color: #fff;
    border: 1px solid gray;
    color: #333;
    line-height:130%;
}
```

- 设置标题广告区 top 的背景颜色、间距及底线，并且清除 h1 元素的默认间距和边距值。

```css
#top {
    padding: .5em;                      /* 间距是半个字高 */
    background-color: #ddd;
    border-bottom: 1px solid gray;      /* 底线 */
}
#top h1 {                               /* 清除默认边距和间距值 */
    padding: 0;
    margin: 0;
}
```

- 设置左菜单导向区的宽度、间距和边距，并且进行左排列，然后重新设置其中 p 元素的间距和边距值。

```css
#leftnav {
    width: 160px;
    margin: 0;
    padding: 1em;
    float: left;
}
#leftnav p { margin: 0 0 1em 0; }
```

- 设置主要内容区，为了空出左菜单导向区，设置左边距为 200px，并且加一条左边框线，然后设置其允许的最大宽度、间距及其中 h2 元素的间距和边距值。

```css
#content {
    margin-left: 200px;
    border-left: 1px solid gray;
    padding:1em;
    max-width:40em;                     /* 最大宽度是 40 个字高 */
}
#content h2 { margin: 0 0 .5em 0; }
```

- 设置页脚区，首先必须清除上述设置的左排列 clear:both，然后设置其间距、边距、背景色及上框线等，完成操作。

```css
#footer {
    clear: both;
    margin: 0;
    padding: .5em;
    color: #333;
    background-color: #ddd;
    border-top: 1px solid gray;
}
#footer p { margin:0; padding:0 }
```

3.3 CSS 用于菜单设计

菜单在网页设计中是最常用的一个组件。设计菜单时首先必须选择菜单的形式,如图 3-15 所示。

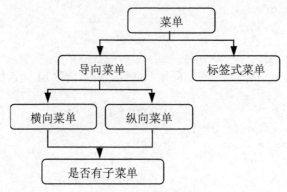

图 3-15 菜单的各种形式

一般菜单的设计步骤如下。

(1)以列表项的形式写出菜单的内容,列表项中包含链接,例如:

```
<div id="menu">
  <ul>
    <li><a href="#">主页内容</a></li>
    <li><a href="#">搜索引擎</a></li>
    <li><a href="#">联系我们</a></li>
  </ul>
</div>
```

(2)然后,通过样式表的定义改变菜单的表现形式,如去掉列表项符号,在菜单之间加上分割线,为菜单项加上背景色或背景图片等。

(3)如果需要,加上 JavaScript 程序,以便更好地控制菜单。

1. 简单的导向菜单条

示例 3-10 制作如图 3-16 所示的简单的导向菜单条。其中,"主页内容"的链接将打开 ch3_10_home.htm 网页;"搜索引擎"的链接将打开 ch3_10_search.htm 网页;"联系我们"的链接将打开 ch3_10_contact.htm。上述 3 个网页中都包含该菜单条,但是,当前所在页的菜单项背景为浅蓝色。例如,在 home.htm 网页中,"主页内容"的背景为浅蓝色。

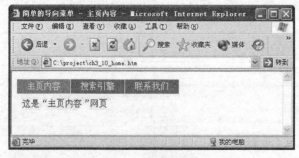

图 3-16 简单菜单条

程序文件名：

ch3_10_home.htm；

ch3_10_search.htm；

ch3_10_contact.htm；

ch3_10_menu.css。

操作步骤如下。

（1）新建一个 HTML 文档 ch3_10_home.htm，在 body 元素中制作一个 div 元素，其中包含列表项组成的菜单，得到如图 3-17 所示的效果。

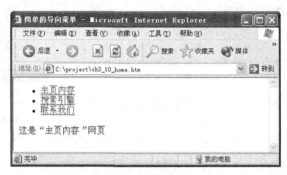

图 3-17　菜单项内容

```
<div id="menu">
  <ul>
    <li><a href="ch3_10_home.htm">主页内容</a></li>
    <li><a href=" ch3_10_search.htm ">搜索引擎</a></li>
    <li><a href=" ch3_10_contact.htm ">联系我们</a></li>
  </ul>
</div>
<div id="content">
  这是"主页内容"网页
</div>
```

（2）在 head 元素中插入外部样式表文件定义的 link 元素。

```
<link rel="stylesheet" href="ch3_10_menu.css" type="text/css">
```

（3）新建一个外部样式表文件 ch3_10_menu.css，在其中定义下列样式表，得到如图 3-18 所示的菜单项横向排列的效果。

```
#menu ul {
  margin: 0;
  padding: 0;
}
#menu li{
  padding: 0;
  margin: 0;
  list-style: none;         /* 取消列表项符号 */
  float: left;              /* 横向排列 */
}
#menu li a {
  display: block;           /* 块状显示，以便背景色充满 */
  margin: 0 1px 0 0;
```

```css
    padding: 4px 10px;
    width: 80px;
    background: #5970B2;
    color: #FFF;
    text-align: center;
    text-decoration: none
}
#menu li a:hover {
    background: #49A3FF;
}
#content {
    clear:both;   /* 清除横向排列*/
    margin:10px;
    }
```

（4）用上述同样的方法新建 ch3_10_search.htm 和 ch3_10_contact.htm。

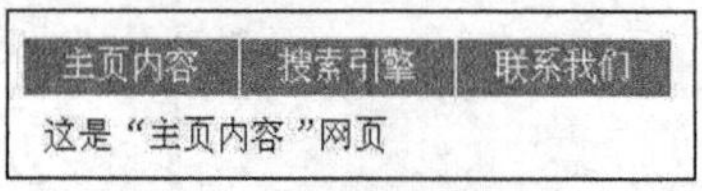

图 3-18 将菜单项横向排列

（5）为了显示当前页的菜单项，为每个网页的 body 元素进行标识，例如：

```
ch3_10_home.htm:        <body id="home">
ch3_10_search.htm:      <body id="search">
ch3_10_contact.htm:     <body id="contact">
```

然后，为每个菜单项定义一个样式表名，例如：

```html
<ul>
  <li class="first"><a href="ch3_10_home.htm " class="home">主页内容</a></li>
  <li><a href="ch3_10_search.htm " class="search">搜索引擎</a></li>
  <li><a href="ch3_10_contact.htm " class="contact">联系我们</a></li>
</ul>
```

这样，在样式表定义中，#home a.home、#search a.search、#contact a.contact 分别表示当前页的菜单项。那么，在样式表定义中加入下列样式表名的定义就可以完成简单导向菜单的设计了。

```css
#home a.home, #search a.search, #contact a.contact {
    background: #49A3FF;
    text-decoration:none;         /* 取消下画线 */
    cursor:default;               /* 取消链接光标 */
}
```

2．简单的标签菜单

标签菜单的特点如图 3-19 所示，标签菜单中的当前标签项与标签内容框连为一体。下面通过示例制作简单的标签菜单。

示例 3-11 如图 3-19 所示，"照片"标签对应的网页是 ch3_11_photo.htm，"录像"标签对应的网页是 ch3_11_video.htm，"日记"标签对应的网页是 ch3_11_journal.htm。

程序文件名：

ch3_11_photo.htm;

ch3_11_video.htm;

ch3_11_journal.htm;

ch3_11_tabs.css。

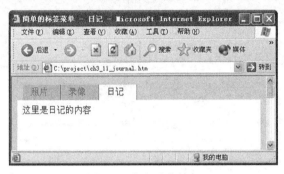

图 3-19 标签式菜单条

操作步骤如下。

（1）首先，新建一个 HTML 文档 ch3_11_photo.htm，在其中的 body 元素中制作两个 div 块，标识名分别为 tabs 和 content，在 tabs 中用 ul 和 li 元素制作菜单的内容，在 content 中放置标签框的内容，得到如图 3-20 所示的效果。

图 3-20 制作菜单内容

```
<div id="tabs">
  <ul>
    <li><a href="ch3_11_photo.htm">照片</a></li>
    <li><a href="ch3_11_video.htm">录像</a></li>
    <li><a href="ch3_11_journal.htm">日记</a></li>
  </ul>
</div>
<div id="content">这里是照片的内容</div>
```

（2）与示例 3-10 相似，在 head 元素中插入外部样式表定义的 link 元素。

```
<link rel="stylesheet" href="ch3_11_tabs.css" type="text/css">
```

（3）新建一个外部样式表文件 ch3_11_tabs.css，定义下述样式表，将菜单内容变为横向排列的方式，并为每个菜单项加上背景色，得到如图 3-21 所示的效果。值得注意的是，在 ul 元素中要设置与 li 元素中相同的上、下间距值。

```css
#tabs ul {
  margin: 0 10px;              /* 起始标签缩进 10px */
  padding: 5px 0;              /* 与下面 li 的上、下间距值一样 */
}
#tabs li {
  padding: 5px 15px;
  list-style: none;            /* 取消列表项符号 */
  display: inline;             /* 横向排列 */
  background-color:#d5d0ba;    /* 背景色 */
  border-right:1px solid #666; /* 分隔线 */
}
```

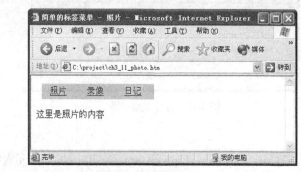

图 3-21　将菜单项横向排列

（4）为了使菜单项更像标签，加入下述样式表定义，即改变链接的颜色，取消链接的下画线，同时加入网页背景色及标签内容框的高度。

```css
#tabs a {
  color:#776655;
  text-decoration:none;        /* 取消下画线 */
}
body {background:#F5DEB3;}
#content {background:#fff;height:500px;padding:10px}
```

（5）最后，可以使用"1.简单的导向菜单条"的方法，设置当前使用的标签。

每个网页的 body 元素标识名为：

```
ch3_11_photo.htm:   <body id="photo">
ch3_11_video.htm:   <body id="video">
ch3_11_blog.htm:    <body id="journal">
```

每个标签项的样式名为：

```html
<li class="photo"><a href="ch3_11_photo.htm">照片</a></li>
<li class="video"><a href="ch3_11_video.htm">录像</a></li>
<li class="journal"><a href="ch3_11_journal.htm">日记</a></li>
```

那么，当前标签的样式为：

```css
#photo li.photo , #video li.video , #journal li.journal {
  border-bottom: 1px solid #fff;   /* 下边框线为白色 */
  background:#fff;                  /* 背景为白色 */
}
```

```
#photo li.photo a, #video li.video a , #journal li.journal a{
  color:#000000;                    /* 文字为黑色 */
}
```

这样就可以得到图 3-19 所示的标签式菜单条的效果。

3．推拉门式图片标签菜单

制作具有背景图片的标签时，如果标签上的文字长度变化，那么背景图片的长度也需要相应地变化。我们不可能为每个标签制作一个背景图片，这样不利于网页的维护，而"推拉门式"图片标签菜单的设计，就是为了用最简单的背景图片来适应任意的文字长度。它的基本原理如下。

制作一个背景图片让它能够适应于最长标签名，如图 3-22（1）所示。然后，将它切割为左右两部分，左边为带有圆角的一小部分，右边为剩下的背景图片，如图 3-22（2）所示。并且将它们放置在两个嵌套着的块状元素中，左图片定位在外块状元素的左边，如图 3-22（3）所示；右图片定位在内块状元素的右边，如图 3-22（4）所示。注意，内块状元素设置了左间距，左间距长度为左图片的宽度，这样合成后就是一个完美的背景图片的标签，如图 3-22（5）所示。当文字长度变长时，右图片也会自动随着块状元素变长，如图 3-22（6）所示。

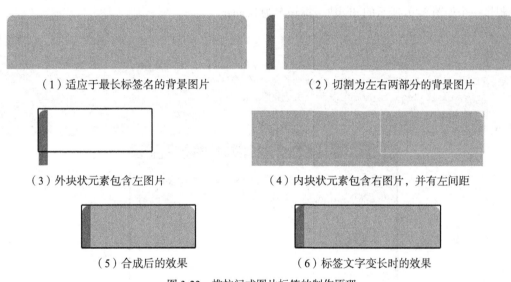

（1）适应于最长标签名的背景图片　　　　（2）切割为左右两部分的背景图片

（3）外块状元素包含左图片　　　　（4）内块状元素包含右图片，并有左间距

（5）合成后的效果　　　　（6）标签文字变长时的效果

图 3-22　推拉门式图片标签的制作原理

示例 3-12　制作如图 3-23 所示的背景图片标签菜单。

程序文件名：

ch3_12_home.htm；

ch3_12_product.htm；

ch3_12_about.htm；

ch3_12_tabs.css。

操作步骤如下。

（1）用图像处理软件制作能够适应于最长标签名的背景图片，如图 3-24 左图所示。然后，将它分割成如图 3-24 右图所示的左右两部分，文件名分别为 left.gif 和 right.gif。

图 3-23　背景图片的标签菜单

图 3-24 将标签的背景图片分为两部分

（2）同样，制作如图 3-25 所示的当前选项的标签背景图片，文件名分别为 left_on.gif 和 right_on.gif。

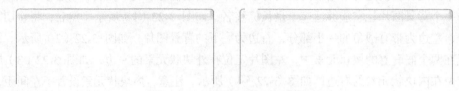

图 3-25 当前选项的标签背景图片

（3）与前面的示例一样，首先，新建一个 HTML 文档 ch3_12_home.htm，在其中的 body 元素中制作一个如图 3-26 所示的 div 块，标识名为 header。

```
<div id="header">
  <ul>
    <li><a href="ch3_12_home.htm">主页</a></li>
    <li><a href="ch3_12_product.htm">产品介绍</a></li>
    <li><a href="ch3_12_about.htm">关于我们</a></li>
  </ul>
</div>
```

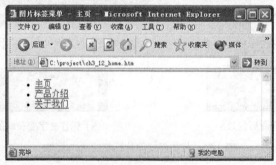

图 3-26 制作菜单内容

（4）与示例 3-11 相似，在 head 元素中插入外部样式表定义的 link 元素。

```
<link rel="stylesheet" href="ch3_12_tabs.css" type="text/css">
```

（5）新建一个外部样式表文件 ch3_12_tabs.css，定义样式表。在前面的菜单设计中，为了将列表项 li 元素变为横向的菜单项，都用了 display:inline 的属性值。这里，由于需要嵌套两个块状元素，因此，首先保持 li 元素作为外块状元素，然后通过设置 float:left 属性将 li 元素变为横向的菜单项，并且将其中的 a 元素以块状显示（内块状元素），最后分别将左图片加在 li 元素中，将右图片加在 a 元素中，即：

```
#header ul {
  margin:0;
  padding:0;
  list-style:none;
}
#header li {
```

```
  float:left;
  margin:0;
  padding:0 0 0 9px;  /* 9px 是图片 left.gif 的宽度 */
  background:url(images/left.gif) no-repeat left top;
}
#header a {
  display:block;
  background:url(images/right.gif) no-repeat right top;
  padding:5px 15px 5px 6px;     /* 左间距 6px = 15px-9px */
  text-decoration:none;  /* 取消下画线 */
}
```

这里值得注意的是，#header li 样式设置中的 padding:0 0 0 9px 将左间距设置为图片 left、gif 的宽度，这样，其中的 a 元素就会向右错位 9px，就可以同时看见 left.gif 和 right.gif 的效果。这时，a 元素的左间距需要相应减去 9px，以保持文字的居中对齐，得到如图 3-27 所示的效果。

（6）下面设置整条菜单栏的背景图片，如图 3-28 左图所示。由于其中的菜单项设置了 float:left 属性，这时，必须设置菜单栏的 div 元素也是 float:left 属性，并且宽度是 100%，即：

```
#header {
  float:left; /* 左排列 */
  width:100%; /* 100%宽度 */
  line-height:normal;  /* 正常行高 */
  background:url(images/bg.gif) repeat-x bottom; /* 垂直方向下对齐，以便显示底线 */
  font-size:93%;
}
```

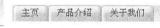

图 3-27　标签菜单项加入了背景图片　　　　　图 3-28　菜单栏的背景图片

（7）用与前面示例一样的方法设置当前标签菜单项，如图 3-29 所示。

图 3-29　当前标签效果

每个网页的 body 元素标识名为：

```
ch3_12_home.htm:       <body id="home">
ch3_12_product.htm:    <body id="product">
```

ch3_12_about.htm:　　<body id="about">

每个标签项的样式名为：

```
<li class="home"><a href="ch3_12_home.htm">主页</a></li>
<li class="product"><a href="ch3_12_product.htm">产品介绍</a></li>
<li class="about"><a href="ch3_12_about.htm">关于我们</a></li>
```

那么，当前标签的样式为：

```
#home li.home, #product li.product, #about li.about {
  background:url(images/left_on.gif) no-repeat left top;
}
#home li.home a, #product li.product a, #about li.about a {
  background:url(images/right_on.gif) no-repeat right top;
}
```

（8）为了能够看见标签下的线条，可以按下述设置缩小不是当前标签项的下间距，完成操作。

```
#header a {
  display:block;
  background:url("images/right.gif") no-repeat right top;
  padding:5px 15px 4px 6px;           /* 从 5px 改为 4px，以便显示下框线*/
}
#header ul {
  margin:0;
  padding:10px 10px 0;                /* 菜单条上方和左右侧缩进 10px */
  list-style:none;
}
#home li.home a, #product li.product a, #about li.about a {
  background:url(images/right_on.gif) no-repeat right top;
  padding-bottom:5px;                 /* 当前标签项取消下框线 */
}
```

3.4　CSS 其他设计原则

CSS 的主要设计原则就是简洁、明了、有效。下面列举的一些原则对 CSS 的初学者尤其重要。

1. 有效地定义样式名

当定义样式名时，名称表达的应该是样式所控制的元素类型，而不应该是样式所显示的方式，因为样式所显示的方式会被修改。例如，下面的样式名称中，后者较前者更好一些，因为一旦其中的背景色修改后，它的名称就会失去了意义。

```
.green-box {
  background-color: green;
  padding-right: 40px;
}
```

应该写为：

```
.top-box {
  background-color: green;
  padding-right: 40px;
}
```

2. 尽量使用 CSS 的简写方式

CSS 中的许多样式表定义都有简写方式，如 font、padding、margin、border 等。下面的两种样式表定义中，后者更为简洁、明了。

```
p {
  padding-top: 20px;
```

```
  padding-right: 40px;
  padding-bottom: 30px;
  padding-left: 10px;
}
```
应该写为：
```
p { padding: 20px 40px 30px 10px; }
```

3．有效地控制边距和间距

CSS 设计中最常碰到的问题是，相同的样式表定义在不同的浏览器中显示效果不同，其中主要的原因是不同的浏览器中对于 HTML 元素的默认边距、间距值是不相同的。例如， p 元素和 h 元素（h1、h2…）在 Firefox 浏览器中默认情况下都会有上、下边距值（margin），而 IE 浏览器则往往只有下边距值。因此，在 CSS 设计中最好都初始化这些默认值，例如：

```
html,body {margin:0;padding:0}
p {margin:0 0 1em 0;padding:0}
h1 {margin:0 0 .7em 0;padding:0}
form {margin:0;padding:0}
ul {margin:0;padding:1em}
```

4．不要定义默认值

对于许多 CSS 的默认值，不应该再去定义。例如，下述定义就是没有意义的。
```
body { font-weight:normal; }
```

5．尽量使用已有的 HTML 元素

div 元素是用于网页布局最常用的块状元素，但是，大多数情况下，应该尽量使用 HTML 已有的块状元素 p、h1、h2、h3、h4、h5、h6、ul、ol 等。例如，下述语句：

```
<div id="header">
  <div class="bold">Heading</div>
</div>
<div id="subheader">
  <div class="bold">Sub Heading</div>
</div>
<div>This is the content</div>
```

可以简化为：

```
<h1>Heading</h1>
<h2>Sub Heading</h2>
<p>This is the content</p>
```

6．尽量组合定义样式

如果一些元素具有相同的样式表定义，应该使用成组定义的方式。例如，如果各种标题都有相同的字体、颜色及边距等，就可以按下述的方式成组定义。

```
h1,h2,h3 {
  font-family:Arial,Helvetica,Lucida,Sans-Serif;
  color:#000;
  margin:1em 0;
}
```

7．使用正确的 doctype

按照 HTML 4.01 规范，网页文档中一定包含 doctype 语句（详见"1.2.7 一些特殊元素"），由于不同的 doctype 会使得 CSS 的显示效果有所不同，因此，应该选择正确的 doctype。

8．验证 CSS

网页设计完成后，应使用万维网联盟（W3C）的 CSS 验证网站（http://jigsaw.w3.org/css-validator/）来验证网页中的 CSS 设计和使用。

第 4 章 JavaScript 简介

本章主要内容：
- 什么是 JavaScript
- 使用 JavaScript 的环境要求
- 第一个 JavaScript 示例

4.1 什么是 JavaScript

4.1.1 JavaScript 的发展历史

JavaScript 是 1995 年由美国 Netscape 公司的布瑞登·艾克（Brendan Eich）为 Navigator 2.0 浏览器的应用而发明的。它是写在 HTML 文档中的一种基于对象和事件驱动并具有安全性能的脚本语言，当用户在客户端的浏览器中显示该网页时，浏览器就会执行 JavaScript 程序，让用户通过交互式的操作变换网页显示的内容，以实现 HTML 语言所不能实现的一些功能。例如，当鼠标通过某一菜单项时，其对应的图片会产生翻，如图 4-1 所示；当用户在文字框中输入文字后，校验输入的内容，并且产生警告信息；或者当用户单击某一按钮后，改变网页中的某一区域文字的颜色和大小等。

图 4-1　JavaScript 应用实例

当 JavaScript 在 Navigator 2.0 浏览器中成功应用后不久，美国 Microsoft 公司也相继推出了用于 Internet Explorer 浏览器中的、类似 JavaScript 的程序语言——注册商标名称为 JScript。从此以后，这两个当初最为流行的浏览器，即 Netscape 的 Navigator 浏览器（现在已经变为 Mozilla 的 Firefox 浏览器）和 Microsoft 的 Internet Explorer 浏览器，在不断提高浏览器版本的同时，也不断地更新其所用的脚本程序的版本，表 4-1 列出了它们的主要版本变化。

表 4-1　　　　　　　　两大浏览器及其 JavaScript 版本的比较

计算机公司	浏览器	浏览器版本	JavaScript 版本
Netscape	Navigator	2.x	JavaScript 1.0
Netscape	Navigator	3.x	JavaScript 1.1
Netscape	Navigator	4.0x	JavaScript 1.2
Netscape	Navigator	4.5x	JavaScript 1.3
Netscape	Navigator	4.7x	JavaScript 1.4
Netscape	Navigator	6.x	JavaScript 1.5
Netscape	Navigator	7.x	JavaScript 1.5
Mozilla	Firefox	2.x	JavaScript 1.6、1.7
Mozilla	Firefox	3.x	JavaScript 1.8、1.9
Microsoft	Internet Explorer	3.x	JScript 1.x、3.x、5.x
Microsoft	Internet Explorer	4.x	JScript 3.x、5.x
Microsoft	Internet Explorer	5.x	JScript 5.x
Microsoft	Internet Explorer	5.5x	JScript 5.5
Microsoft	Internet Explorer	6.x	JScript 5.6
Microsoft	Internet Explorer	7.x	JScript 5.7

1999 年，作为国际信息和通信系统标准权威的欧洲计算机制造协会（ECMA），在 Netscape JavaScript 1.5 版本的基础上制定了"ECMAScript 程序语言的规范书"，又称为"ECMA-262 标准"，该标准已被国际标准组织（ISO）采纳，作为各种浏览器生产开发所使用的脚本程序的统一标准。实际上，该规范书制定的是上述两种脚本程序语言 JavaScript 与 JScript 的"最小兼容性"标准，也就是说，Mozilla 的 Firefox 浏览器将继续使用其注册商标名"JavaScript"的脚本程序，同时 Microsoft 的 Internet Explorer 浏览器也将继续使用其注册商标名"JScript"的脚本程序，并且它们各自仍然保持着原有的不同于"ECMA-262 标准"的特性。但是，上述两大公司都已许诺，从此以后开发的新功能将会遵循 ECMA-262 标准。

本书主要介绍的是用于浏览器的通用性脚本式语言，因此，本书将使用"JavaScript"一词同时代表上述两种程序语言。

4.1.2　JavaScript 的特点

由上述 JavaScript 的发展历史可以看出，JavaScript 是一种解释性的、用于客户端的、基于对象的程序开发语言。

1．解释性的

不同于一些编译性的程序语言，如 C、C++或 Java 等，JavaScript 是一种解释性的程序语言，即它的源代码将不经过编译，而直接在浏览器中运行时被"翻译"，因此，它又称为"脚本式"语言。

由于 JavaScript 的这一特点，在编写 JavaScript 程序时，将很难预计运行程序所使用的硬件环境、操作系统以及浏览器等。因此，当开发 JavaScript 程序时，不应该仅使用其最高版本的特性和功能，还必须考虑到少数人有可能仍然在使用旧版本的浏览器。

另外，考虑到现在所编写的程序，有可能将会使用 5 年或 10 年，因此，在编写 JavaScript 程序的过程中，应尽量兼容各种硬件环境、各种操作系统以及各种不同浏览器的功能和特性，这样才能够写出真正实用的、跨平台、跨浏览器的 JavaScript 应用程序。

2．用于客户端的

JavaScript 包含服务器端应用和客户端应用两个方面，其中客户端的应用更为广泛，它也是本书的主要介绍内容。

当 JavaScript 程序用于运行在用户浏览器中时，它就被称作是"客户端"的程序。明确这一点将有助于我们编写 JavaScript 程序时的构思。

图 4-2 为 Internet 网页显示过程的示意图。当一个网页在浏览器中通过网址申请后，服务器端的程序根据用户的申请，与数据库之间进行存取数据的操作，然后将用户所需的数据送回浏览器。从上述过程中可以看出，用于客户端的 JavaScript 不同于运行在服务器端的程序，如 Java、.Net 等常用于存取用户所需的数据内容，客户端的程序则用于用户输入数据的校验、根据用户的操作改变网页的画面或者进行动画处理等"界面"性的工作。

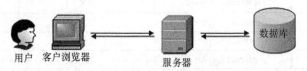

图 4-2　Internet 网页显示过程

3．基于对象的

JavaScript 程序语言是一种基于对象的程序设计语言，它将显示在浏览器网页中的任何一种元素，如按钮、文字框、图像等，都作为"对象"处理，而网页中各元素之间的关系，都被描述为各"对象"的层次结构关系，这种关系称为"文档对象模型（DOM）"。

图 4-3 为一般浏览器网页的文档对象模型结构图。实际上，JavaScript 程序的核心就是用其基本编程方法对浏览器的文档对象模型进行处理，使网页中的各元素不再是"静态"不变的元素，而是可以根据用户的不同要求"动态"地显示出来，所以 JavaScript 程序是制作动态网页的基本工具之一，将在"7.3 动态改变网页和样式"中进行详细说明。

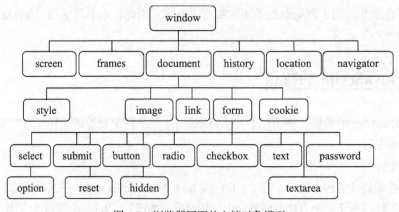

图 4-3　浏览器网页的文档对象模型

4．与 Java 比较

在 Netscape 公司发明 JavaScript 的初期，围绕着选择"什么样的程序语言作为开发浏览器程序的工具"这一问题，曾经引起过很大的争议，其中一方的意见是推荐使用 Java 作为开发浏览器程序的工具，因为它功能强大，并且该语言已经发展得较为成熟。但是更多的人赞同使用"脚本式"的语言进行开发，它最大的优点是易学易用，是一种"轻量级"的程序语言，因此，最终出现了 JavaScript——与 Java 名称很像的脚本式语言。

由于这两种程序设计语言名字相像，它们使用的编程语法结构也有许多相似之处，并且它们都是用于 Internet 的应用，而这些应用又都使用浏览器，因此初学者很容易混淆。表 4-2 列出了这两种程序语言的主要区别。

表 4-2　　　　　　　　　　　JavaScript 与 Java 的比较

JavaScript	Java
在客户端运行时被解释	由编写者编译后变成机器码，运行在服务器端或客户端
程序源代码嵌入在 HTML 文件中	由 Java 开发的 Applets 与 HTML 无关
没有严格的数据类型	具有严格的数据类型
由美国 Netscape 公司的 Brendan Eich 发明	由美国 Sun Microsystems 公司的 James Gosling 发明
只能在浏览器中应用	可以作为独立的应用程序
只作用于 HTML 的对象元素	可以作用于 HTML 元素外的对象，如多媒体

4.1.3　JavaScript 的作用

在 Internet 的浏览器中运行 JavaScript，主要目的是用于在客户端动态地、与用户交互式地完成一些 HTML 文件所不能实现的功能。本书将在后续各章节中详细介绍下述 JavaScript 的常用功能。

1．校验用户输入的内容

对于一般 Internet 的应用软件，用户输入内容的校验常分为两种："格式性"校验和"功能性"校验。其中，"功能性"校验常常与服务器端的数据库相关联，因此，这种校验必须将网页窗体提交到服务器端后才能进行；而"格式性"校验可以只发生在客户端，即在窗体提交到服务器端之前完成。JavaScript 常用于用户输入的"格式性"校验。

图 4-4 所示为一个要求用户输入用户名和密码的简单窗体，它要求对用户的输入进行下述校验。

（1）用户名和密码不可以空缺。

（2）用户名和密码长度必须大于 6 位。

（3）用户名和密码必须是有效字符串，如用户输入的内容中不可以包含"#"等特殊字符。

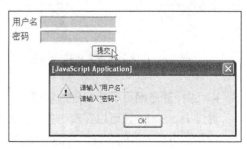

图 4-4　校验用户输入的内容

（4）密码中必须包含字符和数字。

（5）用户名必须用效，即服务器端的数据库中存有该用户名。

上述各项校验中，（1）～（4）项属于"格式性"的校验，可以由 JavaScript 来完成；第（5）项则必须通过表单提交后，由服务器端的程序进行校验。

有关"校验用户输入内容"的具体制作方法，详见"7.2.3 表单（form）及其控件元素对象"及"9.3 校验用户输入"。

2．有效地组织网页内容

当网页中需要用户输入的窗体内容很多时，有效地编排、组织用户输入内容，尽量减少用户选项，制作友好的用户界面，是网页设计的一个主要内容，JavaScript 常用于完成这一任务。

例如，对于如图 4-5 所示的表单，如果用户选择"长方形"项，则要求用户输入"长度"、"宽度"和"颜色"域的内容；如果用户选择"正方形"项，则隐藏"宽度"域，并且，在这种状态中，当用户选择"提交"按钮提交表单时，"宽度"域的变量名将不会传递给服务器端的程序。

图 4-5　根据用户的选择显示不同的输入域

上述示例的相关内容及制作方法，详见"7.3.2 动态改变网页样式"。

3．动态地显示网页内容

JavaScript 常用于完成不用通过服务器端处理、仅在客户端动态显示网页内容的功能，这样既可以节省网页与服务器端之间的通信，又可以制作出便于用户使用的友好界面。

例如，在网页的一角动态地显示时钟，或显示离指定的日期还差多少天等（详见"6.4 日期（Date）对象"及"9.6 动画技术"）；在两个列表之间移动元素，如图 4-6 所示（详见"7.2.3 表单（form）及其控件元素对象"）；当用户在多行文本框中输入内容时，用户每输入一个文字，其上方自动显示文字的个数，如图 4-7 所示。

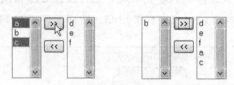 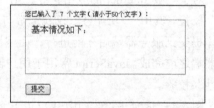

图 4-6　在两个列表之间移动元素　　　　图 4-7　自动显示用户输入的文字个数

4．弥补静态网页不能实现的功能

通过 JavaScript 还可以实现一些由静态网页不能实现的功能。

例如，当显示多列多行内容的大型表格时，需要像 Microsoft Excel 软件中的"冻结"功能一样将表头及左边第一列（或数列）固定住，用户在滚动表格内容时，可以方便地查看表头的内容，如图 4-8 所示；对于一些特殊的网页，如网上测验网页，不允许用户通过浏览器的工具栏或快捷菜单中的"Back（返回）"项返回到上一页，如图 4-9 所示（详见"8.5 历史记录（history）对象"）；对于弹出窗口，需要将焦点集中在弹出窗口上，也就是说，在弹出窗口关闭之前，用户不能在底窗口中操作，如图 4-10 所示（详见"9.4.2 对话框式的弹出窗口"）。

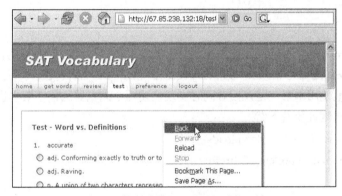

图 4-8 制作"冻结"表头效果的表格

图 4-9 使浏览器的"返回"功能无效

图 4-10 对话框中的弹出窗口

5. 动画显示

网页中的动画显示可以使网页显得更加生动，如图 4-11 所示的网页中，当光标移向不同的链接时，网页中的卡通眼珠就会向该链接"看齐"，这样的网页设计往往比单纯显示网页的文字链接更能吸引人（详见 "7.2.5 图像（image）对象"）。

图 4-11 动画链接

动画技术不仅可以用于网上游戏、广告、演示等网页的制作，还可以用于一般应用网页的制作。例如，当网页的内容很多时，可以显示一段"请等候……"的动画信息，或显示一个下载过程的进度条，如图 4-12 所示；对于网上测试的网页，显示一个倒计时或倒计数的计时器或计数器等。有关动画显示的具体制作方法，详见 "9.6 动画技术"。

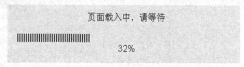

图 4-12 动态显示网页下载过程的进度条

4.2 编辑与调试 JavaScript

1．浏览器

本书介绍的 JavaScript 基本功能将适应于各种浏览器，另外，对于当前最为流行的浏览器——Microsoft 的 Internet Explorer 与 Mozilla 的 Firefox 浏览器新版本中的各种特性，本书也会分别进行介绍。

为了能够更好地使用本书，建议读者同时安装上述两个浏览器的最新版本进行测试学习，它们可以分别通过下述网址免费下载。

- http://www.microsoft.com/downloads。
- http://www.mozilla.com/en-US/firefox/。

2．编辑软件

编辑 JavaScript 程序可以使用任何一种文本编辑器，如 Windows 中的记事本、写字板等应用软件。由于 JavaScript 程序可以嵌入 HTML 文件中，因此，读者可以使用任何一种编辑 HTML 文件的工具软件，如 Macromedia Dreamweaver 和 Microsoft FrontPage 等。

3．调试软件

除了使用 JavaScript 自带的 alert 函数进行 JavaScript 的程序调试外（详见 "8.3.3 输入输出信息"），还可以使用下述工具进行调试。

- Microsoft 的 Internet Explorer 浏览器

如果使用 Microsoft 的 Internet Explorer 浏览器，可以使用 Microsoft Script Debugger 作为调试的工具，图 4-13 所示为该软件使用时的屏幕效果，它可以清楚地显示出程序错误的具体位置。

下载、安装及设置该调试软件的步骤如下。

（1）进入 Microsoft 的下载网页 http://www.microsoft.com/downloads/，在 Keywords（关键字）中输入 "Microsoft Script Debugger" 后按 "Go" 按钮，在打开的网页中选择 "Script Debugger for Windows NT 4.0 and Later" 项，在之后打开的网页中选择 "Download（下载）" 项，完成下载操作。

图 4-13　Microsoft Script Debugger 工具

（2）运行下载文件中的"Setup.exe"，根据提示进行安装。

（3）打开 Internet Explorer 浏览器，选择菜单"Tools（工具）"中的"Internet Options（选项）"命令，在打开的对话框中选择"Advanced（高级）"标签，在之后打开的对话框中设置"Display a notification about every script error（当脚本式程序运行出错时报错）"项，不设置"Disable script debugging（不允许脚本式程序调试）"项，如图 4-14 所示，单击"OK"按钮完成设置。这时如果在 IE 浏览器中运行的 JavaScript 程序出错，就会弹出如图 4-15 所示的对话框，单击"Yes"按钮后就会得到图 4-13 所示的效果。

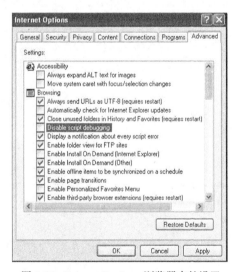

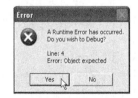

图 4-14　Internet Explorer 浏览器中的设置　　　图 4-15　在 IE 浏览器中调试 JavaScript 程序

- Mozilla 的 Firefox 浏览器

如果使用 Mozilla 的 Firefox 浏览器，可以直接使用其自带的工具"Error Console"就可以清楚地显示 JavaScript 程序的运行状况。打开 Firefox 浏览器的 Error Console 工具的操作步骤如下。

（1）打开 Firefox 浏览器。

（2）选择菜单"Tools（工具）"中的"Error Console（错误主控台）"项。

（3）在打开的子菜单中选择"Error Console（错误主控台）"项打开该工具窗口。

（4）这时，如果在 Firefox 浏览器中运行的 JavaScript 程序出错，Error Console 就会显示其出错文件名的链接及位置，如图 4-16 所示，单击该链接，就可以显示出错误所发生的位置，如图 4-17 所示。

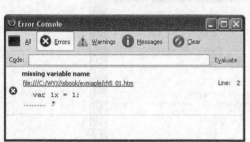

图 4-16 JavaScript Console 的出错信息

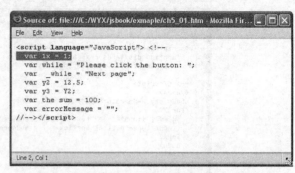

图 4-17 在 Firefox 浏览器中调试 JavaScript 程序

4.3 第一个 JavaScript 示例

4.3.1 编写 JavaScript

下面示例 4-1 是一个简单的在 HTML 程序嵌入 JavaScript 程序的示例。首先在文本编辑器中输入该程序（注意，其中的行号用于本书的讲解，因此程序中不要输入行号），保存文件名为 ch4_01.htm。

示例 4-1 第一个 JavaScript 程序。

程序文件名：ch4_01.htm。

```
1   <html>
2   <head>
3    <title>First JS code</title>
4    <script type="text/javascript">
5    <!--
6     function getArea() {
7      var r = 10;
8      var sqrR = r * r;
9      var s = Math.PI * sqrR;
10     alert("半径为 10 米的圆面积是" + s + "平方米");
11    }
12    //-->
13   </script>
14  </head>
15  <body>
16   <form>
17     <input type="button" value="Show" onClick="getArea()">
18   </form>
19   上一次网页更新日期：
20   <script type="text/javascript">
21   <!--
22    document.write(document.lastModified);
23   //-->
```

```
24      </script>
25    </body>
26  </html>
```

1. 使用<script>标记

在示例 4-1 文件中，第 4～13 行和第 20～24 行就是嵌入 HTML 文件中的 JavaScript 程序，其主要特点如下。

- JavaScript 的程序内容必须置于<script>和</script>标记中。
- <script>标记中的 type="text/javaScript" 用于区别其他脚本程序语言，如下述语句将用于在 IE 浏览器中运行 VBScript 脚本程序。

```
<html>
<head>
<script type="text/vbscript">
<!--
…
…
//-->
</script>
…
```

- 标记 <!-- 和 //--> 对于不支持 JavaScript 程序的浏览器，其中的内容就会被隐藏起来，否则就会被当作 HTML 的内容显示出来；对于支持 JavaScript 程序的浏览器，这对标记将不起任何作用。
- JavaScript 程序对大小写字母是"敏感"的，即在同一个程序语句中使用大写或小写字母将代表不同的意义。如果在示例 4-1 中，将第 22 行中的"document"改写成"Document"，程序就会出错，因为"document"是 JavaScript 的保留关键字，而"Document"则不是。

2. JavaScript 程序在 HTML 文件中的位置

JavaScript 程序在 HTML 文件中的位置没有严格的规定，但是，根据 JavaScript 程序的功能和作用，一般将 JavaScript 程序置于下述 3 种位置。

- 在 HTML 的<body>标记中的任何位置。如果所编写的 JavaScript 程序用于输出网页的内容，应该将 JavaScript 程序置于 HTML 文件中需要显示该内容的位置。例如，示例 4-1 中第 20～24 行，使用"document.write"语句显示 HTML 文件最后编辑的日期。
- 在 HTML 的<head>标记中。如果所编写的 JavaScript 程序需要在某一个 HTML 文件中多次使用，那么，就应该编写 JavaScript 函数（function），并将函数置于该 HTML 文件的<head>标记中，使用时直接调用该函数名就可以了。例如，示例 4-1 中第 4～13 行编写的是一个名为"getArea"的函数，在第 17 行的"onClick"事件中调用了该函数。
- 在一个 js 的单独文件中。如果所编写的 JavaScript 程序需要在多个 HTML 文件中使用，或者所编写的 JavaScript 程序内容很长，这时就应该将这段 JavaScript 程序置于单独的 js 文件中（如示例 4-3 中的 ch4_02.js 文件所示），然后在所需要应用的 HTML 文件中通过<script>标记包含该 js 文件（如示例 4-3 中的 ch4_02.htm 文件中的第 4 行所示），这样就可以在该 HTML 文件中调用 js 文件中的任意一个函数（如示例 4-3 的 ch4_02.htm 文件中的第 8 行所示）。将 JavaScript 程序写在一个单独文件中的另一个优点是，当用户浏览器中第一个 HTML 文件使用该 js 文件时，浏览器就会将该 js 文件下载到缓冲区中，以后如果其他的 HTML 文件再要使用该 js 文件时，就不需要再从服务器端下载，而直接从用户的缓冲区中读取，节省了 Internet 的交互时间。

示例 4-2　使用外部文件保存 JavaScript 程序。

外部 JavaScript 文件名：ch4_02.js。

```
1  function getArea() {
2    var r = 10;
3    var sqrR = r * r;
4    var s = Math.PI * sqrR;
5    alert("半径为 10 米的圆面积是" + s + "平方米");
6  }
```

HTML 文件名：ch4_02.htm。

```
1   <html>
2   <head>
3     <title>First JS code</title>
4     <script type="text/javascript" src="ch4_02.js"></script>
5   </head>
6   <body>
7   <form>
8     <input type="button" value="Show" onClick="getArea()">
9   </form>
10  上一次网页更新日期：
11  <script language="JavaScript">
12  <!--
13    document.write(document.lastModified);
14  //-->
15  </script>
16  </body>
17  </html>
```

4.3.2　运行 JavaScript 程序

按下述方法进行操作，就可以通过浏览器查看上述所编写的 JavaScript 程序效果。

（1）在浏览器中选择菜单"文件"中的"打开"命令。

（2）在打开的文件对话框中选择示例 4-1 中保存的文件 ch4_01.htm。

（3）在显示的网页上单击"Show"按钮，就会得到如图 4-18 所示的效果。

上一次网页更新日期：06/08/2012 09:20:30

图 4-18　在浏览器中显示第一个 JavaScript 示例

4.3.3 调试 JavaScript 程序

程序出错类型分为语法错误和逻辑错误两种。

1．语法错误

语法错误一般是由于错误地使用了 JavaScript 语句规则而造成的，如错误地使用了 JavaScript 的关键字，错误地定义了变量名等。这时，如果浏览器运行 JavaScript 程序就会报错。使用 JavaScript 调试软件可以清楚地显示出错误所发生的位置。

例如，将示例 4-1 程序中第 22 行的语句改写成下述内容，即将第一个字符由小写字母改写成大写字母，保存该文件后再次在浏览器中运行，程序就会出错。

```
22    Document.write(document.lastModified);
```

如果使用 Microsoft 的 Internet Explorer 浏览器并且安装了 Microsoft Script Debugger 软件，就会得到如图 4-19 所示的效果；如果使用 Firefox 浏览器并且打开了其 JavaScript 控制台工具，就会得到如图 4-20 所示的效果。

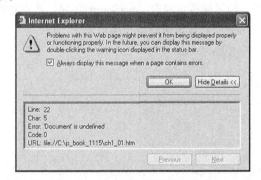

图 4-19　在 Internet Explorer 浏览器中调试 JavaScript

图 4-20　在 Firefox 浏览器中调试 JavaScript

2. 逻辑错误

有些时候，程序中不存在语法错误，也没有执行非法操作的语句，可是程序运行的结果却是不正确的，这种错误叫做逻辑错误。例如，将两个变量的位置搞错了，或者使用了错误的运算符等。

JavaScript 对于逻辑错误进行调试的最简单的方法是使用 alert 语句。例如，将示例 4-1 程序中第 8 行的语句改写成下述内容，即将乘号"*"改写成加号"+"，保存该文件后再次在浏览器中运行，得到如图 4-21 所示的错误结果。

```
8var sqrR = r + r;
```

图 4-21 示例 4-1 逻辑错误的效果

这时，为了调试该程序，如下述所示修改 JavaScript 程序，再次运行该程序，就可以显示出各个中间变量的结果，这样就很容易判断错误发生的位置。

```
<script type="text/javascript">
<!--
  function getArea() {
   var r = 10;
alert("r= " + r);
   var sqrR = r + r;
alert("sqrR = " + sqrR);
   var s = Math.PI * sqrR;
   alert("半径为10米的圆面积是" + s + "平方米");
  }
//-->
</script>
```

第 5 章

JavaScript 编程基础

本章主要内容：
- ❑ 数据类型及变量
- ❑ 表达式与运算符
- ❑ 基本语句
- ❑ 函数
- ❑ 对象
- ❑ 事件处理

5.1 数据类型及变量

5.1.1 数据类型

JavaScript 语言与大多数的计算机程序语言一样，其功能就在于通过计算机的指令来处理各种不同的数据类型。例如，对于数字，可以进行加、减、乘、除运算；对于字符串，可以将它们显示在网页中；对于网页中的按钮，可以设置开、关状态等。JavaScript 主要包括 3 种数据类型：简单数据类型、特殊常量数据类型及复杂数据类型。

1. 简单数据类型

JavaScript 的简单数据类型可以分为以下 3 种。

（1）"数值"数据类型。它的值是以不带引号的数字形式出现在 JavaScript 的程序中，主要用于进行各种数学运算。它包括以下两种类型。

- 整型数：由 1～9 开始的数字组成的十进制数，如 219、100 等；或由 0 开始的由 0～7 数字组成的八进制数，如 017（表示十进制的 15）等；或由 0x 开始的由数字和 a～f 或 A～F 组成的十六制数，如 0x000f（表示十进制的 15）等。

- 浮点数：由整型数和小数点或 e、E 组成的数，如 3.14、1.4e12 等。

（2）"文字"数据类型。它的值是以单引号或双引号形式出现在 JavaScript 的程序中（注意，不可以使用中文字中的单引号和双引号），主要用于进行各种字符串的处理。例如，"This is my first JavaScript."，"请输入用户名"等。它也包括一些由反斜杠"\"开始的特殊字符，如\t（制表符）、\n（回车符）、\\（反斜杠\）、\'（单引号）、\"（双引号）等。

（3）"真假"数据类型。它只有两个值——true（真）和 false（假），主要用于进行数据的真假、开关逻辑运算。

2．特殊常量数据类型

JavaScript 的常用特殊常量有以下几种。

（1）"空"常量。它的值是 JavaScript 的保留关键字 null，表示没有值存在。

（2）"无定义"常量。它的值是 JavaScript 的保留关键字 undefined，表示数据没有进行定义。

（3）"不是数字"常量。它的值是 JavaScript 的保留关键字 NaN（英文 Not-a-Number 的缩写），表示数据不是数字。

（4）"无限数"常量。它的值是 JavaScript 的保留关键字 infinity，表示数据是无限数。

3．复杂数据类型

JavaScript 的复杂数据类型主要包括下述 3 种。

（1）"数组"数据类型。它用于保存一组相同类型的数据（详见"3.1 数组（Array）对象"）。

（2）"函数"数据类型。它用于保存一段程序，这段程序可以在 JavaScript 中重复地被调用（详见"5.4 函数"）。

（3）"对象"数据类型。它用于保存一组不同类型的数据和函数等（详见"5.5 对象"），实际上，JavaScript 中所有复杂数据类型，如 String（字符串）、Array（数组）、function（函数）等都是"对象"数据类型。

5.1.2　常量与变量

JavaScript 的基本类型中的数据可以是常量，也可以是变量。

1．常量

JavaScript 的常量通常又称为字面常量，它是不能改变的数据，如 123、"请稍候……"等。

2．变量

变量就是在计算机内存中暂时保存数据的地方，这样，在程序的其他地方就可以使用变量名来对变量中所保存的数据进行各种处理操作。使用变量应注意下述几个方面。

（1）声明变量。JavaScript 声明变量的方法有以下几种。

- 使用 JavaScript 关键字"var"声明变量，然后进行赋值。在下述示例中，"myVar"为变量名，第 1 句程序定义变量名后，第 2 句程序给该变量名赋值。

```
var myVar;
myVar = "Hello world";
```

- 在声明变量名的同时进行赋值。例如：

```
var count = 1;
```

- 在一行中同时声明多个变量，各个变量名之间用逗号相间。例如：

```
var i,j,k;
```

- "隐含"地声明变量,即在没有使用 JavaScript 关键字"var"的情况下直接使用变量进行赋值。在下述示例中,变量 i 在没有声明的情况下就被赋值和使用。

```
1  <script type="text/javascript"> <!--
2    i = 1;
3    var j = i + 1;
4    …
5  //--></script>
```

这种方法虽然简单,但是,当程序出现变量名方面的错误时,不易发现代码中的错误,因此,建议不要使用这种方法。

(2)变量名。由上述示例可知,声明变量时都要使用变量名,选择变量名的规则如下:

- 不可以使用 JavaScript 的保留关键字作为变量名。表 5-1 列出了 JavaScript 常用的保留关键字,JavaScript 使用这些关键字作为指令进行编程,以实现各种功能。如果使用 JavaScript 的保留关键字作为变量名,程序就会出错。

表 5-1　　　　　　　　　　　　JavaScript 常用的保留关键字

as	else	is	switch
Break	export	item	this
case	extends	namespace	throw
catch	false	new	true
class	finally	null	try
const	for	package	typeof
continue	function	private	use
debugger	if	protected	var
default	import	public	void
delete	in	return	while
do	instanceof	super	with

- 变量名的第一个字符必须是字母或下画线,并且变量名中不可以包含空格及!、@、#、$ 等特殊字符,其中使用的字母大小写是有区别的。
- 有意义的变量名。选择有意义的变量名将使程序更容易理解和维护,可以使用"驼峰式"或"下画线式"的变量名,如使用"userMessage"、"user_message"作为变量名比使用"m"、"s"等变量名更为合适。

示例 5-1　在浏览器中运行下述程序,分析各语句中使用的变量名是否有效。

目的:定义、使用 JavaScript 变量。

程序文件名:ch5_01.htm。

```
1  <script type="text/javascript"> <!--
2    var 1x = 1;
3    var while = "Please click the button: ";
4    var _while = "Next page";
5    var y2 = 12.5;
6    var y3 = Y2;
7    var the sum = 100;
8    var errorMessage = "";
9  //--></script>
```

（1）第 2 行，错。变量名的第一个字符不可以是数字。

（2）第 3 行，错。变量名不可以使用 JavaScript 的保留关键字，while 是 JavaScript 的保留关键字。

（3）第 4 行，正确。变量名的第一个字符可以是下画线。

（4）第 5 行，正确。

（5）第 6 行，错。变量名中字母的大小写是有区别的，因此，虽然变量 y2 在第 5 行中定义过，但是变量 Y2 从未定义过。

（6）第 7 行，错。变量名中不可以包含空格。

（7）第 8 行，正确。

3．变量的数据类型及其转换

与其他大多数计算机语言不同的是，JavaScript 声明变量时无需定义数据类型，因此，其变量又称为"无类型"变量，也就是说，声明后的变量名可以随时被赋值为任意类型的数据，JavaScript 将会自动给予转换。例如：

```
1  ...
2  var count = 1;
3  ...
4  count = "The count of var is " + count;
5  ...
```

上述示例中，第 2 行中的变量名"count"装载的是"数值"类型的数据，第 4 行中同样的变量名"count"又装载了"字符串"类型的数据。

4．变量的作用范围

与其他计算机语言相似，JavaScript 的变量分为全局变量和局部变量。全局变量是作用在全程序范围内的变量，它声明在函数体外；局部变量是定义在函数体内的变量，它仅在该函数内起作用。例如，下述示例中既包含了局部变量，又包含了全局变量。

```
1   ...
2   var errorMessage = "";
3
4   function checkRequired(v,label) {
5     ...
6     var msg = "请输入" + label;
7     errorMessage = errorMessage + msg;
8   }
9
10  ...
11  function doValidate () {
12    if (errorMessage != "")
13      alert(errorMessage);
14    ...
```

```
15      }
16      …
```

在上述示例中，第 2 行中的 errorMessage 为全局变量，因为它声明的位置在所有的函数体 checkRequired()、doValidate()之外，而第 6 行中的 msg 为函数 checkRequired()内的局部变量，它的值在函数 checkRequired()内有效，而 errorMessage 可以在程序的任意位置被引用，所得到的值都是一样的，如第 7 行和第 12 行。

5.2 表达式与运算符

5.2.1 表达式

表达式是用于 JavaScript 程序运行时进行计算的式子，它可以包含常量、变量及运算符等。表达式的计算结果经常会通过赋值语句赋值给一个变量，或直接作为函数的参数。例如，在下述示例中，第 1～3 行的等号右侧及第 4 行括号中的内容都是表达式，其中第 1～3 行的等号左侧为变量名，第 4 行中的 alert 为函数名。

```
1    var pi = 3.14;
2    var d = 2 * 10;
3    var l = pi * d;
4    alert("这个圆的周长是：" + l);
```

5.2.2 运算符

运算符是在表达式中用于进行运算的一种符号或 JavaScript 关键字，使用 JavaScript 运算符可以进行算数、比较、字符串等各种运算。因此，按功能分类，运算符可分为算数运算符、逻辑运算符、位运算符、操作后赋值运算符及特殊运算符等。

运算符作用的对象叫做操作数。例如，在表达式 3+4 中，+是运算符，3 和 4 为操作数。

根据操作数的个数，运算符分为下述 3 种类型。

（1）二目运算符：需要两个操作数的运算符。JavaScript 常用的都是二目运算符，如数字相加运算符"+"、相减运算符"-"等。

（2）一目运算符：只需要一个操作数的运算符。例如，算数运算符中的负数运算符"-"及特殊运算符中的"typeof"运算符等。

（3）三目运算符：需要 3 个操作数的运算符。例如，特殊运算符中的"？:"运算符，它实际上替代了 if 语句（详见"5.3.3 流程控制语句"）。第 1 个操作数为条件，第 2 个操作数为条件成立（true）时的结果，第 3 个操作数为条件不成立（false）时的结果。

1. 算数运算符

表 5-2 列出了常用的算数运算符，其中"+"既可用于数字相加，又可用于字符串合并。示例 5-2 为算数运算符应用实例，其解答说明了不同数据类型操作数混合使用的"隐含"转换规则，使用时应特别小心。

表 5-2　　　　　　　　　　　　　　算数运算符

运算符	意　义	示　例
+	数字相加	2+3　结果为 5
+	字符串合并	"朋友"+"您好"结果为"朋友您好"
−	相减	6-3 结果为 3
−	负数	i=30;　j=−i　结果 j 为 −30
*	相乘	10*2　结果为 20
/	相除	8/2　结果为 4
%	取模（余数）	6%3　结果为 0
++	递增 1	i=5;　i++;　结果 i 为 6
--	递减 1	i=5;　i--;　结果 i 为 4

示例 5-2　指出下述程序中的 alert 语句所显示的各变量值。

目的：使用运算符。

程序文件名：ch5_02.htm。

```
1   <script type="text/javascript">
2     var x1 = "My value is ";
3     var x2 = 3;
4     var x3 = 4;
5     var x4 = "4";
6
7     var y = null;
8
9     alert ( "x1+x2 = " + x1 + x2 );
10    alert ( "x1+x2+x3 = " + x1 + x2 + x3 );
11    alert ( "x1+(x2+x3) = " + x1 + (x2 + x3) );
12
13    alert ( "x1+y = " + x1 + y );
14    alert ( "x*y = " + x2 * y );
15    alert ( "x4-x2 = " + x4 - x2 );
16    alert ( "x4+x2 = " + x4 + x2 );
17
18    var x = 10;
19    var p1 = x++;
20    alert ("p1=" + p1 + " and x=" + x);
21    x = 10;
22    var p2 = ++x;
23    alert ("p2=" + p2 + " and x=" + x);
24  </script>
```

（1）第 9 行语句显示结果如下所示，这时变量 x2 自动从数值类型转换为变量 x1 的字符串类型。

    x1+x2 = My value is 3

（2）第 10 行语句显示结果如下所示，变量 x2 和 x3 都转换为变量 x1 的字符串类型。

    x1+x2+x3 = My value is 34

（3）第 11 行语句显示结果如下所示，括号的运算优先级高，因此，变量 x2 和变量 x3 首先进行数值相加运算，相加的结果转换为变量 x1 的字符串类型。

    x1+(x2+x3) = My value is 7

（4）第 13 行语句显示结果如下所示，由于第一个变量 x1 是字符串，因此，变量 y 的特殊"空"值自动转换为字符串类型"null"。

    x1+y = My value is null

（5）第 14 行语句显示结果如下所示，由于第一个变量 x2 是整数，因此，变量 y 的特殊"空"值自动转换为 0。

    x2*y = 0

（6）第 15 行语句显示结果如下所示，由于第一个变量 x4 不是数字，不可以进行数学操作符运算，因此，结果显示为"NaN（不是数字）"。

    x4-x2 = NaN

（7）第 16 行语句显示结果如下所示，虽然该语句与第 15 行相似，但由于使用的是"+"运算符，它既可以用于数字相加，也可以用于字符串合并，因此，当表达式中的操作数具有字符串类型时，JavaScript 总是将所有操作数都转换为字符串进行运算。

    x4+x2 = 43

（8）第 20 行语句显示结果如下所示，这是因为第 19 行的 x 为"后递增"运算，即 x 值先赋给变量 p1，然后再递增变为 11。

    p1=10 and x=11

（9）第 23 行语句显示结果如下所示，这是因为第 22 行的 x 为"先递增"运算，即 x 先递增变为 11，然后赋值给变量 p2。

    p2=11 and x=11

2．逻辑运算符

如表 5-3 列出了常用的逻辑运算符，它们最常应用于 if 语句作为条件比较。例如：

```
if ( x > 3 ) {
   …
}
```

表 5-3   逻辑运算符

运 算 符	意 义	示 例
==	等于	5==3 结果为 false
!=	不等于	5!=3 结果为 true
<	小于	5<3 结果为 false
<=	小于或等于	5<=3 结果为 false
>	大于	5>3 结果为 true
>=	大于或等于	5>=3 结果为 true
&&	与	true && false 结果为 false
||	或	true || false 结果为 true
!	非	!true 结果为 false

值得注意的是，在条件语句中如果误将"="用于"= ="，程序将不会报错，但运行结果将是错误的，这时，往往不容易找出错误的原因。避免出现这种错误的最好办法是，将条件比较语句中的常量写在左边，变量写在右边。例如：

```
if ( 3 == x ) {
  …
}
```

这样，即使出现了将"="用于"= ="的错误，程序也会立即报错，因为 JavaScript 的赋值语句是不允许常量写在左边的。

另外，应注意的是，JavaScript 在使用与（&&）、或（||）、非（!）运算符时遵循的是从左至右、满足即停的原则。例如，在下述示例中，当执行第 4 行时，由于 x>100 等于 false，因此，JavaScript 将不再进行后面的两项 y = = "Star" 和 z < 50 的比较，也就是说，这时如果没有第 2 行和第 3 行语句，程序也不会出错。

```
1  x = 50;
2  y = "Star";
3  z =30;
4  if ( x > 100 && y = = "Star" && z < 50 ) {
5    …
6  }
```

还有一点值得注意的是，由于浮点数的比较依赖于各个计算机系统，因此，应尽量避免对浮点数使用等于（==）运算符。例如，下述示例中第 4 行的比较语句，在某些计算机中运算可能会得到 true 的结果，在某些计算机中运算可能会得到 false 的结果，因为第 3 行的运算结果 z 很可能等于 1.9999995。

```
1  x = 3.5;
2  y = 1.5;
3  z = x - y;
4  if ( z = = 2.0) {
5    …
6  }
```

这时，最好采用下述方法进行浮点数的等于比较。

```
1  smallValue = 0.001;
2  x = 3.5;
3  y = 1.5;
4  z = x - y;
5  if ( z -2.0 < smallValue && 2.0 - z < smallValue ) {
6    …
7  }
```

3. 位运算符

JavaScript 的位运算符如表 5-4 所示。当 JavaScript 进行位运算时，它首先将操作数以二进制位进行运算，然后以十进制的数值返回给变量。例如，在下述示例中，由于 13 的二进制表示为 1101，9 的二进制表示为 1001，那么 &（位逻辑与）运算后，得到二进制数 1001，因此 z 值是 9。

```
x = 13;                              1101
y = 9;                               1001
z = x & y;      位逻辑与&操作后:     1001
```

表 5-4　　　　　　　　　　　　　位运算符

运　算　符	意　　　义	示　　　例
&	位逻辑与	0x0001 & 0x1001 结果为 0x0001
|	位逻辑或	0x0001 | 0x1001 结果为 0x1001
^	位逻辑非	0x0001 ^ 0x1001 结果为 false 0x1000
~	位逻辑反	~0x0001 结果为 0xFFFE
<<	左移	0x0001 << 1 结果为 0x0002
>>	右移	0x0001 >> 1 结果为 0x0000

4．操作后赋值运算符

操作后赋值运算符指的是一组组合符号，它是由运算符和等号（=）组成的，其中，运算符可以是前面学习过的各种算数、逻辑及位运算符：+、-、*、/、%、&、|、^、<<、>>及>>>等，使用方式如下。

变量 1　操作后赋值运算符　常量或变量

等效于：

变量 1　＝　变量 1　操作运算符　常量或变量

例如：

x　+=　5;　　等效于　x = x + 5;

y　*=　2;　　等效于　y = y * 2;

5．特殊运算符

JavaScript 还包括了表 5-5 中的一些特殊运算符，其中一些关键字运算符主要用于对象，请详见"5.5 对象"。

表 5-5　　　　　　　　　　　　　特殊运算符

运算符	意　　　义	示　　　例
？：	if – else 运算符	x=2; (x>3) ? "Higher level" : "Lower level"　结果为"Lower level"
,	最常用于 for 语句	详见 "5.3.3 流程控制语句"
delete	删除对象或对象中的元素	详见 "5.5.3 使用对象"
new	创建对象实例	详见 "5.5.3 使用对象"
this	引用当前对象	详见 "5.5.3 使用对象"
typeof	数据类型运算符	typeof(20) 结果为 number
void	无返回值运算符	详见 "7.2.4 链接对象"

？：是最常用的三目运算符，其使用方式为：

条件？满足条件得的值：不满足条件得的值

等效于 if-else 语句（详见 "5.3.3 流程控制语句"）：

```
if （条件）｛
   满足条件得的值
｝
else ｛
   不满足条件得的值
｝
```

6．运算符顺序

对于一个包含多种运算符的表达式，如 3 + 5 * 5，其计算顺序基本上与数学中的计算顺序一致。因此，上述表达式的结果应该是 28，而不是 75。但是，对于 JavaScript 的一些特殊运算符，如字符加 "+" 与数字加 "+" 等，使用时应注意其特殊的规则。在编写程序时，最好对优先级高的运算加上括号，以避免引起错误。

例如，下述两段程序将会显示不同的结果，第 1～3 行的程序段将显示"小明家电话号码是4013369"，第 5～7 行的程序段将显示"小明总成绩是 198"。

```
1   var phone1 = 401;
2   var phone2 = 3369;
3   alert("小明家电话号码是" + phone1 + phone2);
4
5   var score1 = 98;
6   var score2 = 100;
7   alert("小明总成绩是" + (score1 + score2));
```

图 5-1 列出了 JavaScript 语言的各运算符计算顺序。

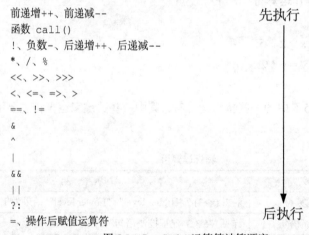

图 5-1　JavaScript 运算符计算顺序

5.3　基本语句

JavaScript 程序由语句组成，其基本语句包括注释语句、赋值语句和流程控制语句 3 种类型。

5.3.1　注释语句

注释语句用于对程序进行注解，以便今后的维护和使用，程序在执行的过程中将不会　执行注释语句中的内容。JavaScript 的注释语句分为单行注释语句和多行注释语句两种，在一个程序中这两种注释语句可以混合使用。

1．单行注释语句

单行注释语句以双斜杠"//"开始一直到这一行结束。例如：

```
1    var phone1 = 401;// 区域号
2    var phone2 = 3369; // 电话号
3    // 显示用户电话号码
4    alert("小明家电话号码是 " + phone1 + phone2);
```

2．多行注释语句

多行注释语句以"/*"开始一直到"*/"结束。在下述示例中第 1～5 行就是多行注释语句。

```
1    /*
2    这段程序用于计算用户的学习总成绩
3    其中   score1 为语文成绩
4          score2 为数学成绩
5    */
6    var score1 = 98;
7    var score2 = 100;
8    // 显示用户的总成绩
9    alert("小明总成绩是" + (score1 + score2));
```

5.3.2 赋值语句

与其他计算机语言相似，赋值语句是 JavaScript 程序中最常用的语句。因为在一个程序中，往往需要大量的变量来存储程序中用到的数据，所以用来对变量进行赋值的赋值语句也会在程序中大量出现。其实，在前面的示例中已经用到了赋值语句，其基本语法规则是变量名在左边，等号"="在中间，表达式在右边，并且以分号";"结束。

```
变量名  =  表达式；
```

前面也已经提到过，当使用关键字 var 声明变量时，也可以同时使用赋值语句对声明的变量进行赋值。例如，在下述示例中，当声明变量 myStr 时直接将一个字符串赋值给了 myStr。

```
var myStr  =  "12/25/2004";
```

5.3.3 流程控制语句

在程序执行过程中，程序通常是一行行地按由上至下的顺序来执行的，流程控制语句则用来改变程序执行的流程。

JavaScript 的流程控制语句主要包括条件判断语句和循环控制语句两种。无论使用哪一种流程控制语句，都可以使用一对大括号"{}"将所需执行的程序段放在其中，大括号中可以包括任意多行的语句，也可以没有任何语句，还可以嵌套其他的程序段。当程序段中只包含一条语句时，也可以不使用大括号。

1. 条件判断语句

JavaScript 的条件判断语句主要包括 if、if-else、if-else if…及 switch 4 种。

（1）if 语句。它是最简单的条件判断语句，其语法规则如下所示，其中"条件表达式"是由逻辑运算符组成的表达式，返回值是真（true）或假（false）。

```
if （条件表达式） {
    条件为真时所执行的程序段
}
```

例如：
```
1    if ( n > 0)
2      alert ( "购物件数: " + n );
```

（2）if-else 语句。它比 if 语句多一种情况需要处理，其语法规则如下：

```
if （条件表达式） {
    条件为真时所执行的程序段
}
else {
    条件为假时所执行的程序段
}
```

例如：
```
1    ...
2    If ( n > 3 ) {
3      ...
4      alert ( "您可以得到 5%的优惠" );
5    }
6    else
7      alert ( "购物件数: " + n );
```

（3）if-else if…语句。它用于需要多个条件进行判断的情况，每个条件对应一段程序，而每次只能执行一段程序，其语法规则如下：

```
if (条件表达式 1) {
    条件 1 为真时所执行的程序段
}
else if (条件表达式 2) {
    条件 2 为真时所执行的程序段
}
else if (条件表达式 3) {
    条件 3 为真时所执行的程序段
}
else if
    ...
else {
    上述条件都为假时所执行的程序段
}
```

例如：
```
1    ...
2    if ( n > 5 ) {
3      ...
4      alert ( "您可以得到 10%的优惠" );
```

```
 5      }
 6      else if ( n > 3 ) {
 7        ...
 8        alert ( "您可以得到 5%的优惠" );
 9      }
10      else
11        alert ("购物件数: " + n );
```

使用这种条件判断语句时所列举的各个条件不一定需要包含所有的情况，也就是说，可以不使用 else 语句。另外值得注意的是，所使用的各个条件之间应该是相互排斥的，如果条件之间存在交叉或相容的话，会造成混乱和错误。例如，在下述程序中，第 4 行语句将永远都不会执行。

```
 1      ...
 2      if ( n > 3 )
 3        alert ( "您可以得到 5%的优惠" );
 4      else if ( n > 5 )
 5        alert ( "您可以得到 10%的优惠" );
 6      else
 7        alert ("购物件数: " + n );
```

（4）switch 语句。它用于将一个表达式与一组数据进行比较，当表达式与所列数据值相等时，执行其中的程序段；如果表达式与所有列出的数据值都不相等，就会执行由关键字 default 列出的程序段；如果 switch 语句中没有关键字 default，这时就会执行 switch 语句后的语句；其中关键字 break 用于跳出 switch 语句。值得注意的是，在 switch 语句中的表达式不是条件表达式，而是普通的表达式，其返回值可以是数值、字符串或逻辑真、假等。

switch 语句的语法规则如下：

```
switch ( 表达式 ) {
  case  数据 1:
    表达式与数据 1 相等时所执行的程序段
    break;
  case  数据 2:
    表达式与数据 2 相等时所执行的程序段
    break;
  ...
  default:
    表达式与上述数据都不相等时所执行的程序段
}
```

例如：

```
 1      switch (location) {
 2        case "US":
 3          alert("国家区域号是 1");
 4          break;
 5        case "China":
 6          alert("国家区域号是 86");
 7          break;
 8        default:
 9          alert("其他国家");
10      }
```

2. 循环控制语句

JavaScript 的循环控制语句主要包括 while、do while、for、for…in、break 及 continue 6 种。

（1）while 语句。其语法规则如下所示，当条件表达式为真时，JavaScript 就会执行大括号中的程序段；当条件为假时，JavaScript 就会执行大括号外的语句，如图 5-2 所示。

```
while ( 条件表达式 ) {
    条件为真时执行的程序段
}
```

例如，下述示例的显示结果是"1 至 10 的总和是 55"。

```
1   var i = 1;       // i 的初始值
2   var sum = 0;     // sum 的初始值
3   // 当i小于11时执行下述程序段
4   while ( i < 11 ) {
5       sum += i;   // sum = sum + i
6       i++;        // i = i + 1
7   }
8   alert ("1至10的总和是" + sum );
```

（2）do while 语句。其语法规则如下所示，它与 while 语句很相似，区别仅在于，它先执行一段程序，然后进行判断是否满足条件，如果满足，则继续执行该程序段，否则跳出程序段。因此，使用该语句时至少执行程序段一次，如图 5-3 所示。

```
do {
    程序段
} while ( 条件表达式 )
```

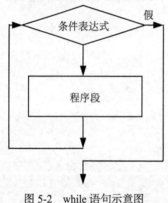
图 5-2 while 语句示意图

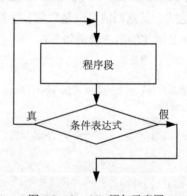
图 5-3 do while 语句示意图

（3）for 语句。其语法规则如下所示，该语句可以包含 3 个参数，分别用分号";"相间隔，第 1 个为初始值表达式，第 2 个为条件表达式，第 3 个为增量表达式，如图 5-4 所示。

```
for ( 初始值表达式; 条件表达式; 增量表达式 ) {
    条件为真时所执行的程序段
}
```

例如，下述示例的显示结果是"1 至 10 的总和是 55"。

```
1   var sum = 0;           // sum 的初始值
2   for ( var i = 0; i < 11; i++ ) {// for 语句
3       sum += i;          // sum = sum + i
4   }
5   alert ("1至10的总和是" + sum );
```

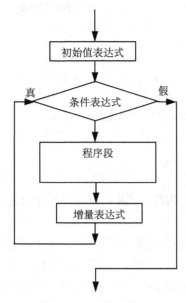

图 5-4　for 语句示意图

（4）for…in 语句。它用于对象内各属性项的循环，详见"5.5.3 使用对象"。

（5）break 语句。它用于跳出循环语句，因此，它是除了正常跳出循环体以外的另一种跳出循环体的方法。例如，下述示例的显示结果是"从 1 至 10 超过 30 的最小总和是 36"。

```
1   var i = 1;                // i 的初始值
2   var sum = 0;              // sum 的初始值
3   while ( i < 11 ) {        // 当 i 小于 11 时执行程序段
4     sum += i;               // sum = sum + i
5     if ( sum > 30 ) break;  // 如果 sum 大于 30，
6                             //   则跳出循环
7     i++;                    // i = i + 1
8   }
9   alert ("从 1 至 10 超过 30 的最小总和是" + sum );
```

对于多重嵌套式的循环，break 语句还可以与标签语句一起使用来跳出外循环体。例如，下述示例的显示结果是"已经跳出了外循环体，i=3，j=3"。

```
1   outer_loop:                          // 标签语句
2   for ( var i=0; i<10; i++ ) {
3     for ( var j=3; j<5; j++) {
4       if ( i==j) break outer_loop;    // 跳出外循环
5     }
6   }
7   alert ("已经跳出了外循环体，i=" + i + "，j=" + j );
```

（6）continue 语句。它用于循环体内跳过其他语句，继续进行下一个循环。例如，下述示例的显示结果是"1 至 10（除 5，10 以外）的总和是 40"。

```
1   var i = 0;                // i 的初始值
2   var sum = 0;              // sum 的初始值
```

```
3    while ( i < 10 ) {    // 当i小于10时执行程序段
4      i++;           // i = i + 1
5      if ( i%5 == 0 )
6      continue;            // 跳过5,10
7      sum += i;            // sum = sum + i
8    }
9    alert ("1至10（除5,10以外）的总和是" + sum );
```

5.4 函数

函数实际上就是一段有名字的程序，这样，在整个程序的任何位置，只要使用该名字，就会执行由这段名字命名的程序。

JavaScript 使用函数的目的有两个，其一是为了更好地组织程序，当需要重复地使用一段程序时，就应该将这段程序写成函数；其二是用于网页中的事件处理，如图 5-5 所示，有关事件处理的内容，详见"5.6 事件及事件处理程序"。下述中包含了上述两种类型的函数。

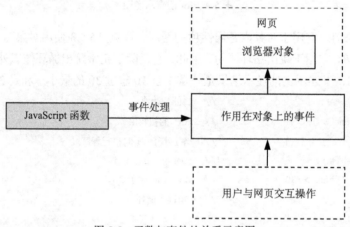

图 5-5 函数与事件的关系示意图

示例 5-3 在一个用户登录的网页中设计一个通用的函数和一个用于事件调用的函数，用于校验用户输入的内容。

目的：函数的定义与使用。

程序文件名：ch5_03.htm。

```
1    <html>
2    <head>
3    <title>表单校验</title>
4    <script type="text/javascript">
5    <!--
6      var errorMessage = "";   // 全局变量
7
8      /* 用于校验用户是否输入值的函数
9      参数： s - 用户输入的值
10     label - 输入的域名   */
```

```
11    function checkRequired ( s , label ) {
12      if (s == "" )
13        errorMessage += ' 请输入 "' + label + '".\n';
14    }
15
16    /* 用于表单校验的函数。
          如果全局变量 errorMessage 不为空，则显示出错信息    */
17    function doValidate() {
18
19      errorMessage="";
20
21      var sUsername = document.userForm.username.value;
22      var sPassword = document.userForm.password.value;
23
24      // 调用"校验用户是否输入值"的函数
25      checkRequired( sUsername, "用户名" );
26      checkRequired( sPassword, "密码" );
27
28      if  ( errorMessage != "" ) {
29        alert(errorMessage);
30        return false;
31      }
32      else
33        return true;
34    }
35
36    /*  用于"提交"按钮的处理事件函数  */
37    function doSubmit()  {
38      if ( !doValidate() ) return;
39      alert( "提交表单成功" );
40    }
41  //-->
42  </script>
43  </head>
44  <body>
45    <form name="userForm">
46      <div>
47        用户名<input type="text" name="username" id="username" size="8">
48      </div>
49      <div>
50      密码<input type="password" name="password" id="password" size="8">
51      </div>
52      <div>
53        <input type="button" value="提交" onclick="doSubmit();">
54      </div>
55    </form>
56  </body>
57  </html>
```

- 第 11～14 行的函数 checkRequired()是一个用于校验用户是否输入值的通用函数，程序中多次使用它对每个需要校验的用户输入值进行校验（第 25、26 行）。
- 第 37～40 行的函数 doSubmit()是一个用于处理"提交"按钮的 onclick 事件的函数，当用户单击"提交"按钮时，就会执行 doSubmit()函数中的程序语句。

5.4.1 定义函数

定义函数的语法规则如下所示，其中，方括号中的内容为可选项。

```
function 函数名（[参数 1，参数 2,…] ） {
    程序语句
    …
    [ return 值; ]
}
```

- function 是关键字。
- 函数名必须是唯一的，并且是大小写有区别的。
- 函数的参数可以是常量、变量或表达式。
- 当使用多个参数时，参数间以逗号相隔。
- 如果函数需要返回，则使用关键字 return 将值返回，如示列 5-3 中第 30 行和第 33 行。

5.4.2 使用函数

如果所要调用的函数不带参数，使用时只要直接以"函数名()"的方式调用函数就可以了，如示例 5-3 中第 38 行所示；如果所要调用的函数带参数，使用时应将相应的参数放入括号内，并用逗号相间，即"函数名（参数 1，参数 2，…）"，如示例 5-3 中第 25、26 行所示；如果调用的函数具有返回值，可以通过变量或直接将函数置于表达式中，如示例 5-3 中第 17～34 行的函数 doValidate()具有返回值 true 或 false，因此使用它时，既可以像第 38 行一样，将该函数直接置于 if 语句的条件表达式中，也可以将第 38 行改写为：

```
var isValidate = doValidate();
if (!isValidate) return;
```

5.4.3 函数的参数

参数是由函数的使用方传递到函数体中的变量,用于为函数中的操作提供相应的信息和数据。例如，在示例 5-3 中，第 25 行调用函数 checkRequired()时使用的参数"sUsername"和"用户名"对应于第 11 行函数定义中的参数"s"和"label"。

1．参数的传递

参数的传递有下述两种方式：

（1）按值传递参数。这时传递的只是原变量的一份复件，因此，如果在函数中改变了这个参数的值，原变量不会跟着改变，它将保留原有的值。在 JavaScript 中，如果参数的数据类型不是对象，其传递方式均为按值传递的。在下述示例 5-6 第 2～9 行的函数 prevMonth()中计算了其参数"month"后返回该计算结果，第 14 行调用了该函数，从计算结果中可以看出，调用函数prevMonth()前后，其参数"myMonth"的值没有改变。

示例 5-4　在网页中显示指定月份的上一个月份。

目的：函数中按值传递的参数。

程序文件名：ch5_04.htm。

```
1    <script type="text/javascript"> <!--
2      function prevMonth(month) {
3        if(month == 1) {
4          month = 12;
5        } else {
6          month--;
7        }
8        return month;
9      }
10
11     var myMonth = 10;
12     document.write ('当前月份是： ' + myMonth + '<br>');
13
14     var prevMonthStr = prevMonth(myMonth);
15
16     document.write ('上一个月是： ' + prevMonthStr + '<br>');
17
18     document.write ('myMonth 值是： ' + myMonth);
19   //--></script>
```

在浏览器中执行该程序后的结果如下：

当前月份是：10
上一个月是：9
myMonth 值是：10

（2）按地址传递参数。这时传递的是原变量的内存地址，也就是说，函数中的参数和原变量就是同一个变量。因此，如果在函数中改变了这个参数的值，那么，原变量也会跟着改变。在 JavaScript 中，如果参数的数据类型是对象，其传递方式为按地址传递的。详见"5.5 对象"，其中示例 5-9 中第 17～23 行及第 34～39 行，显示了如何通过传递日期对象，改变了对象中的属性值。

2．参数的个数

当函数包含多个参数时，使用 arguments.length 可以得到使用该函数时输入的参数个数，arguments 包括了各参数内容。如示例 5-6 所示，第 3 行的函数定义中虽然没有明确地声明任何参数，但是，通过第 4 行的语句，变量 argsLength 得到了参数的个数，第 6～8 行的循环中得到了各个参数值，因此，调用该函数时，可以输入任意个数的参数，如第 12、13 行所示。

示例 5-5 计算输入参数的总和。

目的：函数 arguments.length 的应用。

程序文件名：ch5_05.htm

```
1    <script type="text/javascript">
2    <!--
3      function sumAll() {
4        var argsLength = sumAll.arguments.length;
5        var sum = 0;
6        for (var i=0; i<argsLength; i++) {
7          sum += sumAll.arguments[i];
8        }
9        document.write("Sum is " + sum + "<br>");
10     }
11
12     sumAll(1,2,3);
13     sumAll(100,200);
14   //-->
15   </script>
```

5.5 对象

5.5.1 什么是对象

5.1.2 小节中介绍了各种类型的 JavaScript 变量，这些变量一般用于保存一个数据，使用时也是针对一个数据值，例如：

```
var x = 1;
var y = x *2 +1;
var initErrorMessage = '无效的数据:';
alert (initErrorMessage + '用户名' );
...
```

在实际的应用中，有时需要保存、传递一组不同类型的数据。例如，对于物体"桌子"，它同时具有"长度"、"宽度"、"高度"3 个属性；又如，对于"日期"，它同时包含"年"、"月"、"日" 3 个方面等。JavaScript 的对象就是这样一种特殊的数据类型，它不仅可以保存一组不同类型的数据（称为"对象的属性"），而且还可以包含有关"处理"这些数据的函数（称为"对象的方法"）。

JavaScript 的对象包含下述 3 种：

（1）JavaScript 的内置对象。JavaScript 已定义了一些对象用于处理数据，如 String、Array 等，详见第 6 章。

（2）浏览器内置对象。不同的浏览器都提供了一组描述其浏览器结构的内置对象，JavaScript 中提供了丰富的有关浏览器对象的属性和方法，利用这些对象可以对网页浏览器环境中的事件进行控制并做出处理，详见第 7 章和第 8 章。

（3）自定义对象。JavaScript 还提供了自定义对象的方法，其中包括定义对象的属性和方法。

下述示例 5-6 为一个有关日期对象的定义、创建和使用的实例。

示例 5-6 使用日期对象显示上一个月的日期。

目的：对象的定义、创建和使用。

程序文件名：ch5_06.htm。

```
1   <script type="text/javascript"> <!--
2   /* 定义对象 */
3   function dateObj(year, month, day) {
4     // 属性
5     this.year = year;
6     this.month = month;
7     this.day = day;
8
9     // 方法
10    this.toString = function getString() {
11      return (this.month + '/' + this.day + '/' + this.year)
12    }
13  }
14
15  /* 使用对象 */
16  // 一个参数为"对象"的函数
17  function prevMonth(date) {
18    if(date.month == 1) {
19      date.year--; date.month = 12;
20    } else {
21      date.month--;
22    }
23  }
24
25  // 使用对象之前首先要创建对象
26  var myDate = new dateObj('2004','8','1');
27
28  // 引用对象中的属性
29  var myMonth = myDate.month;
30
31  // 引用对象中的方法
32  var myDateStr = myDate.toString();
33
34  document.write ('新产生的日期对象的月份是:' + myMonth + '<br>日期是:' +  myDateStr + '<br>');
35
36  // 将对象作为函数的参数
37  prevMonth (myDate);
38  var prevDateStr = myDate.toString();
```

```
39    document.write ('前一个月的日期是：' + myDate.toString());
40    //--></script>
```

在浏览器中执行该程序后，得到如下所示的结果。

  新产生的日期对象的月份是：8
  日期是：8/1/2004
  前一个月的日期是：7/1/2004

5.5.2 定义对象

定义对象的语法规则如下。
方式一：

```
function 对象名([参数1, 参数2,…]) {
this.属性名1 [ = 初始值 ] ;
this.属性名2 [ = 初始值 ] ;
…
this.方法名1 = function 方法函数名1（[参数i, 参数ii,…]）{
…
}
this.方法名2 = function 方法函数名2（[参数a, 参数b,…]）{
  …
}
  …
}
```

方式二：

```
function 对象名（[参数1, 参数2,…]）{
  this.属性名1 [ = 初始值 ] ;
  this.属性名2 [ = 初始值 ] ;
  …
  this.方法名1 = 方法函数名1 ;
  this.方法名2 = 方法函数名2 ;
  …
}

function 方法函数名1（[参数i, 参数ii,…]）{
  …
}

function 方法函数名2（[参数a, 参数b,…]）{
  …
}
```

说明

- 首先使用关键字 "function" 定义对象名，括号中可以带有参数。
- 在对象的定义体中，使用关键字 "this" 加圆点（.）运算符来声明对象的属性，如果需要，还可以给属性赋予初始值。在示例5-6的第5~7行中，各属性的初始值就是传递进来的参数值。
- 使用关键字 "this" 加圆点（.）运算符来声明对象的方法，这时可以用上述两种方式。方式一表示在声明方法名时直接定义方法的函数，如示例5-6中第10~12行所示；方式二表示在声明方法名时赋予方法的函数名，函数可以在对象的定义体外，因此，示例5-6也可以改写为：

```
// 定义对象
function dateObj(year, month, day) {
...
 // 方法
 this.toString = getString;
...
}

function getString() {
  return (this.month + '/' + this.day + '/' + this.year)
}
```

- 在方法函数中，使用关键字 "this" 加圆点（.）运算符引用对象中的属性变量，如示例5-6中第11行所示。

5.5.3 使用对象

1. 创建对象

对于已定义的对象，使用之前首先要使用JavaScript运算符 "new" 对已定义了的对象创建一个对象的 "实例"，如示例5-6中第26行所示。

2. 使用对象的属性

使用下述几种方法可以得到对象的属性值。

（1）通过圆点（.）运算符。语法规则如下：

对象名.属性名

如示例5-6中第29行所示，这时变量 "myMonth" 的值应该是 "8"。

（2）通过属性名。语法规则如下：

对象名["属性名"]

例如，示例5-6中第29行可以改写为：

var myMonth = myDate['month'];

（3）通过循环语句。语法规则如下：

```
for (var 变量 in 对象变量) {
 ...对象变量[变量] ...
}
```

例如，在示例5-6第27行中可以加入下述语句：

```
document.write('"myDate"中有下列属性: ' + '<br>');
for (var item in myDate) {
  document.write ( item + ':' + myDate[item] + '<br>');
}
```

执行结果中会出现：

```
"myDate"中有下列属性:
year:2004
month:8
day:1
```

（4）通过 with 语句。语法规则如下：

```
with (对象变量) {
   ...直接使用对象属性名、方法名 ...
}
```

例如，示例 5-6 中第 25～35 行可以改写为：

```
with (myDate) {
  var myMonth = month;
  var myDateStr = toString();
  document.write ("新产生的日期对象的月份是"+myMonth+"<br>日期是"+ myDateStr+"<br>");
}
```

3．使用对象的方法

使用 with 语句或通过圆点（.）运算符，如示例 5-6 中第 32、38 行所示，就可以得到对象的方法。

对象变量.对象方法名()

4．对象作为函数的参数

在"5.4.3 函数的参数"中已经提到过，当对象作为函数的参数时，它是按地址传递的。也就是说，如果在函数中改变了这个对象的值，那么，原变量也会跟着改变。

如示例 5-6 中第 37 行所示，对象"myDate"作为函数 prevMonth()的参数，这时对象"myDate"中的月份（month）属性为"8"，而在第 17～23 行 prevMonth()函数的定义中，改变了对象参数的"month"属性值，因此，执行了第 37 行后对象"myDate"中的月份变为"7"。

5.6 事件及事件处理程序

网页由浏览器的内置对象组成，如按钮、文本框、单选钮、复选钮、列表、图像等。通常，将鼠标或键盘在网页对象上的动作叫做"事件"，而由鼠标或键盘引发的一连串程序的动作叫做"事件驱动"，那么，对事件进行处理的程序或函数叫做"事件处理程序"，它们之间的关系如图 5-6 所示。

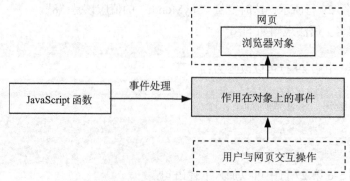

图 5-6　网页浏览器对象、事件及函数之间的关系

5.6.1 网页中的事件

网页中的事件一般可以分为鼠标事件、键盘事件及其他事件 3 类。表 5-6、表 5-7、表 5-8 分别列出了常用事件的名称及意义。

表 5-6　　　　　　　　　　　　网页中的常用鼠标事件

事　　件	意　　义
onmousedown	按下鼠标键
onmousemove	移动鼠标
onmouseout	鼠标离开某一个网页对象
onmouseover	鼠标移动到某一个网页对象上
onmouseup	松开鼠标键
onclick	单击鼠标键
ondblclick	双击鼠标键

表 5-7　　　　　　　　　　　　网页中的常用键盘事件

事　　件	意　　义
onkeydown	按下一个键
onkeyup	松开一个键
onkeypress	按下然后松开一个键

表 5-8　　　　　　　　　　　　网页中的常用其他事件

事　　件	意　　义
onfocus	焦点到一个对象上
onblur	从一个对象上失去焦点
onload	载入网页文档
onUnload	卸载网页文档
onSelect	文本框中选择了文字内容
onChange	文字变化或列表选项变化
onerror	出错
onsubmit	提交窗体
onreset	重置窗体
onabort	中断显示图片

由上述列表可以看出，有的事件可以作用在网页的许多的对象上，有的则只能作用在一些固定的对象上；有的事件可能同时包含着其他一些事件，如 onkeypress 与 onkeydown 和 onkeyup 事

件有时会出现同样的效果；有时用户的一个动作，可能会产生许多事件，如"移动鼠标到按钮上，然后按下鼠标键"可能会发生下述事件：

```
onmousedown
onmousemove
onmouseout
onmouseover
onmouseup
onclick
onfocus
```

5.6.2　用 JavaScript 处理事件

JavaScript 语言与 HTML 文档相关联主要是通过"事件"，JavaScript 的函数就是用于处理事件的程序，其语法规则如下：

事件 = "函数名()";

下述示例 5-7 就是一个使用 JavaScript 处理事件的实例。其中，第 16 行在 HTML 的"body"标记中使用了事件"onload"，处理该事件的程序是第 5～7 行的 JavaScript 函数"hello()"；第 17 行在 HTML 的"input"按钮标记中使用了事件"onclick"，处理该事件的程序是第 9～11 行的 JavaScript 函数"message()"。

示例 5-7　当装载网页时，显示向用户问好的信息，当用户单击按钮时，显示信息如图 5-7 所示。

目的：用 JavaScript 处理事件。

程序文件名：ch5_07.htm。

```
1   <html>
2   <head>
3   <script type="text/javascript">
4   <!--
5     function hello() {
6       alert("您好，欢迎进入我们的网页。");
7     }
8
9     function message() {
10      alert("谢谢您的合作。");
11    }
12  //-->
13  </script>
14  </head>
15
16  <body onload="hello()">
17    <input type="button" value="请单击..." onclick="message()">
18  </body>
19  </html>
```

图 5-7 事件驱动的网页效果

第6章 JavaScript 常用内置对象

本章主要内容：
- 数组（Array）对象
- 字符串（String）对象
- 数学（Math）对象
- 日期（Date）对象

6.1 数组（Array）对象

与其他计算机语言一样，JavaScript 也是使用数组（Array）来保存具有相同类型的数据，如一组数字、一组字符串、一组对象，甚至可以是一组数组等。实际上，JavaScript 的数组就是一种 JavaScript 的对象，因此，它具有属性和方法。

6.1.1 新建数组

使用数组之前，首先要用关键字 new 新建一个数组对象，根据需要，可以用下述 3 种方法新建数组。

（1）新建一个长度为零的数组。语法规则如下：
```
var 变量名 = new Array();
```
例如：
```
var myArray = new Array();
```
（2）新建一个指定长度为 n 的数组。语法规则如下：
```
var 变量名 = new Array(n);
```
例如：
```
var myArray = new Array(5);
```
（3）新建一个指定长度的数组，并赋值。语法规则如下：

```
        var 变量名 = new Array(元素1, 元素2, 元素3, …);
```
例如：
```
        var weekday = new Array("Sunday", "Monday", "Tuesday", "Wednesday", "Thursday",
"Friday","Saturday");
```

6.1.2 数组中的序列号

JavaScript 数组中的元素序列是从 0 开始计算的，如长度为 5 的数组，其元素序列将为 0~4。

6.1.3 引用数组元素

通过数组的序列号可以引用数组元素，为数组元素赋值或取值，其语法规则如下：
```
        数组变量[i] = 值;
        变量名 = 数组变量[i];
```
例如：
```
        weekday[0] = "Sunday";
        weekday[1] = "Monday";
        var aDay = weekday[4];
```

6.1.4 动态数组

JavaScript 数组的长度不是固定不变的，如果要增加数组的长度，只要直接赋值一个新元素就可以了。
```
        数组变量[数组变量.length] = 值;
```
例如，有一个长度为 5 的数组 myArray，那么，下述语句将使该数组的长度变为 6。
```
        myArray[5] = "newItem";
```
或：
```
        myArray[myArray.length] = "newItem";
```

6.1.5 数组对象的常用属性和方法

JavaScript 为数组提供了一系列的属性和方法，以便有效地使用数组。表 6-1 列出了数组对象的常用属性和方法的语法规则和意义，示例中假设有下述数组变量。
```
        var a1 = new Array ("a","b","c","d");
        var a2 = new Array ("m","n");
        var a3= new Array ("x","y","z");
        var a4= new Array ("A","B","C");
        var a5 = new Array ("L","M","N","O");
        var a6 = new Array ("L","M","N","O");
        var a7 = new Array ("X","Y","Z","C","B");
```

表 6-1　　　　　　　　　　数组对象的常用属性和方法

属性或方法	意 义	示 例
constructor	数组对象的函数原型	a1.constructor 结果 function Array() { [native code] }
length	数组长度	var l=a1.length 结果 l 为 4

续表

属性或方法	意 义	示 例
prototype	添加数组对象的属性	参见示例 6-7
concat(数组 2, 数组 3,…)	合并数组	a1.concat(a3,a2) 结果 a1 为 数组 a,b,c,d,x,y,z,m,n
join(分隔符)	将数组转换为字符串	var s = a1.join("-") 结果 s 为 "a-b-c-d"
pop()	删除最后一个元素，返回最后一个元素	var r1=a1.pop(); 结果 a1 为数组 a,b,c r1 为"d"
push(元素 1, 元素 2,…)	添加元素，返回数组的长度	var r2=a2.push("o", "p", "q"); 结果 a2 为数组 m,n,o,p,q r2 为 5
shift()	删除第一个元素，返回第一个元素	var r3=a3.shift(); 结果 a3 为数组 y,z r3 为"x"
unshift(元素 1, 元素 2,…)	添加元素至数组开始处	a4.unshift("I", "J", "K"); 结果 a4 为数组 I,J,K,A,B,C
slice(开始位置[,结束位置])	从数组中选择元素组成新的数组	var r5=a5.slice(1,3); 结果 r5 为数组 M,N
splice(位置,多少[,元素 1,元素 2,…])	从数组中删除或替换元素	a5.splice(1,2) 结果 a5 为数组 L,O a6.splice(1,2,"I","J","K") 结果 a6 为数组 L,I,J,K,O
sort(比较函数)	排序数组	参见示例 6－1
reverse()	倒序数组	a7.reverse()结果 a7 为数组 B,C,Z,Y,X

6.1.6 排序数组

JavaScript 提供了数组排序的方法 sort([比较函数名])，如果不给出变量"比较函数名"，表示排序将按照字符顺序由小至大进行。例如，下述数组：

```
var myArray = new Array (9, 10, 32, 4, 100);
myArray.sort();
```

排序后将得到结果：

```
10, 100, 32, 4, 9
```

使用"比较函数"进行数组排序，就是首先建立一个函数，函数中指出排序时元素进行比较的规则，然后在排序方法 sort 中给出该比较函数，这样，数组就可以按指定的规则进行排序了。

示例 6-1 分别排序一维数组和二维数组。

目的：使用比较函数对一维数组、二维数组进行排序。

程序文件名：ch6_01.htm。

```
1    <script type="text/javascript"> <!--
2    // simpleArray 为一维数组
3    var simpleArray = new Array(9,10,32,4,100);
4    document.write("一维数组排序:<br>");
5    document.write("排序前:"+simpleArray.join()+"<br>");
6
```

```javascript
7    // 直接使用 sort 方法为一维数组排序
8    simpleArray.sort();
9    document.write("直接使用 sort 方法排序后:" + simpleArray.join()+"<br>");
10
11   //使用下面的比较函数 compare 为一维数组排序
12   simpleArray.sort(compare);
13   document.write("使用比较函数 compare 排序后:" + simpleArray.join()+"<br>");
14
15   // 一维数字数组的比较函数
16   function compare(a,b) {
17     return (a-b);
18   }
19   document.write("<p>");
20
21   document.write("两列数组的排序:<br>");
22   // tableObj 为二维数组，其中每一元素都是一个包含两个元素的数组
23   var tableObj = new Array();
24   tableObj[0] = new Array("a","9");
25   tableObj[1] = new Array("c","1");
26   tableObj[2] = new Array("z","3");
27   tableObj[3] = new Array("c","0");
28   tableObj[4] = new Array("m","2");
29
30   /* compare0 是为多维数组第一列排序所用的比较函数，
31      其中参数 a 和 b 表示进行数组排序时需要比较的两个元素，
32      对于数组 tableObj，其元素是一个包含两个元素的数组，
33      因此，a[0]、b[0]中的 0 表示按第一列进行比较排序，
34      以此类推，下面的 compare1 表示按第二列进行比较排序，
35      compare01 则表示先按第一列排序，再按第二列排序。*/
36   function compare0(a,b) {
37     if (a[0]>b[0]) return 1;
38     if (a[0]<b[0]) return -1;
39     return 0;
40   }
41
42   function compare1(a,b) {
43     if (a[1]>b[1]) return 1;
44     if (a[1]<b[1]) return -1;
45     return 0;
46   }
47
48   function compare01(a,b) {
49     if (a[0]+a[1]>b[0]+b[1]) return 1;
50     if (a[0]+a[1]<b[0]+b[1]) return -1;
51     return 0;
52   }
```

```
53
54      document.write("排序前:<br>");
55      displayItems();
56      document.write("<br>按第一列排序<br>");
57      tableObj.sort(compare0);
58      displayItems();
59      document.write("<br>按第二列排序<br>");
60      tableObj.sort(compare1);
61      displayItems();
62      document.write("<br>按第一列和第二列排序<br>");
63      tableObj.sort(compare01);
64      displayItems();
65
66      // 使用两个嵌套的for…in语句循环显示数组中的元素
67      function displayItems() {
68        for (item1 in tableObj) {
69          for (item2 in tableObj[item1]) {
70      document.write( tableObj[item1][ item2] + "    " );
71          }
72          document.write("<br>");
73        }
74      }
75    //-->
76    </script>
```

在浏览器中执行上述程序后，得到下述结果：

```
一维数组排序:
排序前:9,10,32,4,100
直接使用sort 方法排序后:10,100,32,4,9
使用比较函数compare 排序后:4,9,10,32,100
两列数组的排序:
排序前:
a    9
c    1
z    3
c    0
m    2

按第一列排序
a    9
c    1
c    0
m    2
z    3

按第二列排序
c    0
c    1
m    2
z    3
```

```
a     9
```

按第一列和第二列排序
```
a     9
c     0
c     1
m     2
z     3
```

6.1.7 联合数组

所谓"联合数组",实际上就是使用字符串代替标准数组中的序列号。例如,数组:
```
person[0] = "John";
person[1] = "4031234";
person[2] = "4035678";
person[3] = "abc@def.com";
```
可以改写为:
```
person["name"] = "John";
person["phone"] = "4031234";
person["fax"] = "4035678";
person["email"] = "abc@def.com";
```
由上述示例可以看出,使用联合数组可以更有效地存储一组"名称—值"的数据对,特别是当存取联合数组元素值时,可以不用知道数组元素的序列号,而直接引用其名称就可以了。

1. 新建联合数组
新建联合数组的方法如下:
```
var 联合数组变量名 = new Object();
```
例如:
```
var person = new Object();
```

2. 使用联合数组
引用联合数组中某元素的方法如下:
```
联合数组变量名["元素名"]
```
或:
```
联合数组变量名.元素名
```
例如:
```
alert(person.name);
```

示例 6-2 列出联合数组中的各元素值。

目的:使用 for…in 语句循环地读取或赋值联合数组中的各元素,使用关键字 typeof 测试所要选取的元素是否存在。

程序文件名:ch6_02.htm。

```
1    <script type="text/javascript"> <!--
2      var person = new Object();       //新建一个联合数组
3      person["name"] = "John";         //为联合数组赋值
4      person["phone"] = "4031234";
5      person["fax"] = "4035678";
6      person["email"] = "abc@def.com";
```

```
7
8        // theItem 变量存储的是 person 中的属性名
9        // 从 person[theItem]中可以得到各属性值
10       for (theItem in person) {
11         document.write(theItem + " is " + person[theItem] +"<br>");
12       }
13
14       // 测试 person 中是否有属性"age"
15       if (typeof person["age"] == "undefined") {
16         document.write ('No property "age"');
17       }
18
19     //-->
20     </script>
```

在浏览器中执行上述程序后,得到下述结果:

```
name is John
phone is 4031234
fax is 4035678
email is abc@def.com
No property "age"
```

6.2 字符串(String)对象

6.2.1 使用字符串对象

字符串对象是 JavaScript 最常用的内置对象,当使用字符串对象时,并不一定需要用关键字 new。任何一个变量,如果它的值是字符串,那么,该变量就是一个字符串对象。因此,下述两种方法产生的字符串变量效果是一样的。

```
var myString = "This is a sample";
var myString = new String("This is a sample");
```

6.2.2 字符串相加

字符串中最常用的操作是字符串相加,前面在介绍运算符中时已经提到过,只要直接使用加号"+"就可以了。例如:

```
var myString = "This is " + "a sample";
```

也可以使用"+="进行连续相加,即:

```
myString += "<br>";
```

等效于:

```
myString = myString + "<br>";
```

6.2.3 在字符串中使用单引号、双引号及其他特殊字符

通过前面的学习,我们已经知道,JavaScript 的字符串既可以使用单引号,也可以使用双引号,

但是，前后必须一致。下述示例由于字符串的引号不一致，因此在运行时就会出错。
```
var myString = "This is a sample';
```
如果字符串中需要加入引号，可以使用与字符串的引号不同的引号。例如：
```
var errorMessage = ' "Username" is invalid';
```
也可以使用反斜杠"\"。例如：
```
var errorMessage = "\"Username\" is invalid ";
```
如果要在字符串中加入回车符，可以使用"\n"。例如：
```
var errorMessage = "\"Username\" is invalid\n";
errorMessage += "\"Password\" is invalid"
alert(errorMessage);
```
运行上述3行程序，得到如图6-1所示的结果。

图 6-1　特殊字符的应用效果

6.2.4　比较字符串是否相等

比较两个字符串是否相等，只要直接使用逻辑比较符"=="就可以了。例如，下述函数用于判断字符串变量是否为空字符串或 null，如果是返回 true，否则返回 false。
```
function isEmpty(inputString) {
  if (inputString == null || inputString =="")
    return true;
  else
    return false;
}
```

6.2.5　字符串与整数、浮点数之间的转换

如果要将字符串转换为整数或浮点数，只要使用函数 parseInt(s,b)或 parseFloat(s)就可以了，其中 s 表示所要转换的字符串，b 表示要转换成几进制的整数。

例如，在下述示例中，计算的是用户在文本框中输入的水果数，如果用户输入了苹果（apples）3个，香蕉（bananas）5个，计算水果（fruits）的个数是 8。思考一下，第 3 行如果不用 parseInt() 函数而直接写成 apples+bananas，变量 fruits 的值将会是什么？
```
var apples = document.form1.apples.value;           // 苹果个数
var bananas = document.form1.bananas.value;         // 香蕉个数
var fruits = parseInt(apples,10) + parseInt(bananas,10);  // 所有水果的个数
```
如果要将整数或浮点数转换为字符串，只要直接用一个空字符串相加就可以了。例如，在下述示例中，为了得到整数的后两位数字，首先将整数转换为字符串，然后取出后两位数字。
```
var year = 1957 + "";
var twoDigits = year.substr(2);     // 57
```

6.2.6 字符串对象的属性和方法

字符串对象包含两个属性和大量的方法,其中方法分为处理字符串内容、处理字符串显示及将字符串转换为 HTML 元素 3 类。使用字符串对象属性的语法规则如下:

字符串对象名.字符串属性名

使用字符串对象方法的语法规则如下:

字符串对象名.字符串方法名(参数 1,参数 2,…)

表 6-2 至表 6-5 列出了这些属性和方法的语法结构、意义和示例,示例中假设 var myString = "This is a sample",其中字符串对象的"位置"是从 0 开始的,例如,字符串"This is a sample"中第 0 位置的字符是"T",第 1 位置的字符是"h"……依此类推。

表 6-2　　　　　　　　　　　字符串对象的属性

属　性	意　义	示例 var myString = "This is a sample"
constructor	字符串对象的函数原型	myString.constructor 结果 function String() { [native code] }
length	字符串长度	myString.length 结果为 17
prototype	添加字符串对象的属性	见示例 6-7

表 6-3　　　　　　　　　　　有关处理字符串内容的方法

方　法	意　义	示例 var myString = "This is a sample"
charAt（位置）	字符串对象在指定位置处的字符	myString.charAt(2) 结果为"I"
charCodeAt（位置）	字符串对象在指定位置处的字符的 Unicode 值	myString.charCodeAt(2) 结果为"i"
indexOf（要查找的字符串）	要查找的字符串在字符串对象中的位置	myString.indexOf("is") 结果为 2
LastIndexOf（要查找字符串）	要查找的字符串在字符串对象中的最后位置	myString.lastIndexOf("is") 结果为 5
subStr（开始位置[,长度]）	截取字符串	myString.subStr(10,3) 结果为"sam"
字符串对象.subString（开始位置,结束位置）	截取字符串	myString.subString(5,9) 结果为"is a"
split（[分隔符]）	分隔字符串到一个数组中	var a = myString.split(" ") 结果 a[0]= "This", a[1]= "is", a[2]= "a", a[3]= "sample"
replace（需替代的字符串,新字符串）	替换字符串	myString.replace("sample", "apple") 结果为"This is a apple"
toLowerCase()	变为小写字母	myString.toLowerCase() 结果为"this is a sample"
toUpperCase()	变为大写字母	myString.toLowerCase() 结果为 "THIS IS A SAMPLE"

表 6-4　　　　　　　　字符串对象中有关处理字符串显示的方法

方　　法	意　　义	示　　例
big()	大字体	与 HTML 标记<big></big>效果相同
bold()	变粗	与 HTML 标记<b></b>效果相同
fontcolor（颜色）	改变字符串颜色	与 HTML 标记<big></big>效果相同
Fontsize（大小）	改变字符串大小	
italics()	变斜体	与 HTML 标记<I></I>效果相同
small()	小字体	与 HTML 标记<small></small>效果相同
strike()	划线	与 HTML 标记<strike></strike>效果相同
Sub()	上标	与 HTML 标记效果相同
Sup()	下标	与 HTML 标记效果相同

表 6-5　　　　　　　字符串对象中有关字符串转换为 HTML 元素的方法

方　　法	意　　义
anchor（"锚点名"）	产生 HTML 锚点
link（href 字符串）	产生 HTML 链接

6.2.7　字符串对象的应用实例

示例 6-3　用 JavaScript 方法在网页上显示不同的字符串效果，如图 6-2 所示。

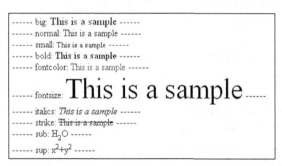

图 6-2　示例 6-3 的网页效果

目的：字符串对象中有关字符串显示方法的应用。

程序文件名：ch6_03.htm。

```
1    <script type="text/javascript">
2    <!--
3      var myString="This is a sample";
4    
5      document.write("------ big: " + myString.big() + " ------" + "<br>");
6      document.write("------ normal: " + myString + " ------" + "<br>");
```

```
7     document.write("------ small: " + myString.small() + " ------" + "<br>");
8     document.write("------ bold: " + myString.bold() + " ------" + "<br>");
9     document.write("------ fontcolor: " + myString.fontcolor("red") + " ------" + "<br>");
10    document.write("------ fontsize: " + myString.fontsize(9) + " ------" + "<br>");
11    document.write("------ italics: " + myString.italics() + " ------" + "<br>");
12    document.write("------ strike: " + myString.strike() + " ------" + "<br>");
13    document.write("------ sub: " + "H"+"2".sub()+"O" + " ------" + "<br>");
14    document.write("------ sup: " + "x"+"2".sup()+"+"+"y"+"2".sup() + " ------" + "<br>");
15    
16    //-->
17    </script>
```

示例 6-4 检查字符串是否是有效的字符串。

目的：字符串对象中有关处理字符串内容方法的应用。

程序文件名：ch6_04.htm。

```
1     <script type="text/javascript">
2     <!--
3     /* 检查字符串是否是有效的字符串 */
4     function isValidString(inputString)
5     {
6       var validChars = "0123456789abcdefghijklmnopqrstuvwxyz_- ";
7       var isValidString = true;
8       var aChar;
9       for (i = 0; i < inputString.length && isValidString == true; i++)
10      {
11        aChar = inputString.toLowerCase().charAt(i);
12        if (validChars.indexOf(aChar) == -1)
13          isValidString = false;
14      }
15      return isValidString;
16    }
17    
18      // 测试 isValidString 函数
19      var aString1 = "abcd $gggg ";
20      var aString2 = "_ab1-cd2_";
21      var aString3 = "12.34";
22      document.write(aString1+" 是" + (isValidString(aString1)?"有效的"   :"无效的") + "字符串。<br>");
23      document.write(aString2+" 是" + (isValidString(aString2)?"有效的"   :"无效的") + "字符串。<br>");
24      document.write(aString3+" 是" + (isValidString(aString3)?"有效的"   :"无效的") + "字符串。");
25    
26    //-->
27    </script>
```

- 首先，在第6行中将有效的字符串定义在变量 validChars 中。在该示例中，只有数字、大小写字母、下画线、破折号和空格为有效字符。
- 然后，将需要检测的字符串进行一个个字符检测（第9～14行）。
- 由于在 validChars 变量中只保存了小写字母，因此在循环中先将检测的字符变为小写字母（第11行）。
- 如果在循环检测中有一个字符不是有效的就退出循环。

在浏览器上运行该程序后的结果为：

```
abcd $gggg 是无效的字符串。
_ab1-cd2_ 是有效的字符串。
12.34 是无效的字符串。
```

示例 6-5 当用户在文本框中输入文字时，在文本框的上方显示用户输入文字的个数，如果用户输入的文字长度超出指定的个数时，截取字符串，如图6-3所示。

目的：字符串对象中有关处理字符串内容方法的应用。

程序文件名：ch6_05.htm。

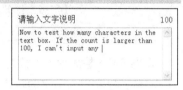

图6-3 示例6-5的网页效果

1	`<html>`
2	`<head>`
3	`<title>计算 TEXTAREA 的字符数</title>`
4	`<script type="text/javascript">`
5	`<!--`
6	`  function countChars() {`
7	`    var s = document.getElementById("description").value;`
8	`    // 如果字符串长度超过指定个数，截取字符串`
9	`    if (!isMaxString(s,100)) document.getElementById("description").value = s.substr(0,100);`
10	`    document.getElementById("count").innerHTML = document.getElementById("description").value.length;`
11	`  }`
12	
13	`  /* 检查字符串长度是否超出指定的个数 */`
14	`  function isMaxString(inputString,count) {`
15	`    if (inputString.length > count) return false;`
16	`    else return true;`
17	`  }`
18	`//-->`
19	`</script>`
20	`</head>`
21	`<body>`
22	`  <table>`
23	`    <tr>`
24	`      <td width="250">请输入文字说明</td>`
25	`      <td id="count" align="right"></td>`
26	`    </tr>`
27	`    <tr>`

```
28      <td colspan="2"><textarea id="description" style="width:300px;height:100px"
    onkeyup="countChars();"></textarea></td>
29    </tr>
30   </table>
31  </body>
32 </html>
```

- 第 28 行的 HTML<textarea>标记中使用了 onkeyup 事件调用 JavaScript 函数 countChars()，用于计算用户输入字符的个数。
- 第 6~11 行为 countChars()函数，其中 document.getElementById("description").value 用于得到<textarea>标记中的字符串内容，document.getElementById("count").innerHTML 用于在第 25 行显示用户输入字符的个数。
- 第 14~17 行的函数 isMaxString()用于检测输入字符串 inputString 是否大于指定个数 count。

示例 6-6 检测输入参数是否在指定的两个数之间。

目的：字符串与数字的转换。

程序文件名：ch6_06.htm。

```
1  <script type="text/javascript">
2  <!--
3  /* 检查输入的参数是否在指定的两个数之间,
4     其中 s1 是下界, s2 是上界, s 是被测值。
5     如果  s1 <= s <= s2, 返回 true,
6     否则  返回 false。
7  */
8  function isRange(s,s1,s2) {
9    if (s1==null && s2==null)
10     return true;
11   else if ((s1==null) && parseFloat(s)>parseFloat(s2))
12     return false;
13   else if ((s2==null) && parseFloat(s)<parseFloat(s1))
14     return false;
15   else if (parseFloat(s)<parseFloat(s1) ||
16       parseFloat(s)>parseFloat(s2))
17     return false;
18   else
19     return true;
20  }
21
22  // 测试 isRange 函数
23  document.write(100+ (isRange(100,0,200) ? "在"  : "不在") + "0-200 范围内。<br>");
24  document.write(100+ (isRange(100,null,99) ? "在"  : "不在") + "<=99 范围内。<br>");
25  document.write(100+ (isRange(100,50,null) ? "在"  : "不在") + ">=50 范围内。");
26
27  //-->
28  </script>
```

在浏览器上运行该程序后的结果为:
100 在 0-200 范围内。
100 不在<=99 范围内。
100 在>=50 范围内。

- 为了比较数的大小,在第 11、13 及 15 和 16 行均使用了 parseFloat()函数,确保进行比较的是浮点数,而不会是字符串的比较。

示例 6-7 使用字符串对象的 prototype 属性添加一个字符串对象的新方法 trim(),用于去掉字符串开始和结束的空字符,同时也将连续的空字符用一个空字符替换。

目的:应用字符串对象的 prototype 属性。

程序文件名:ch6_07.htm。

```
 1  <script type="text/javascript">  <!--
 2  /*本程序为 JavaScript 的 String 对象添加一个新的方法:
 3    Trim——去掉字符串开始和结束的空字符,同时也将连续的空字符用一个空字符替换
 4  */
 5
 6  function trim(){
 7    var retValue = this;
 8    var ch = retValue.substring(0, 1);
 9    while (ch == " ") {  // 检查第一个字符是否为空字符
10      retValue = retValue.substring(1, retValue.length);
11      ch = retValue.substring(0, 1);
12    }
13    ch = retValue.substring(retValue.length-1, retValue.length);
14    while (ch == " ") {  // 检查最后一个字符是否为空字符
15      retValue = retValue.substring(0, retValue.length-1);
16      ch = retValue.substring(retValue.length-1, retValue.length);
17    }
18    while (retValue.indexOf("  ") != -1) {  // 检查是否有两个连续的空字符
19      retValue = retValue.substring(0, retValue.indexOf("  ")) + retValue.substring(retValue.indexOf("  ")+1, retValue.length);
20    }
21    return retValue;  // 返回处理后的字符串
22  }
23
24  // 将自定义的方法附到 String 对象
25  String.prototype.trim=trim
26
27  // 使用自定义的方法
28  var aString = "  This    is a new book.  "
29  document.write("==="+aString.trim()+"===");
30  //-->  </script>
```

在浏览器上运行该程序后的结果为:
===This is a new book.===

129

- 第 6~22 行是 trim()函数。
- 第 25 行使用字符串对象的 prototype 属性将 trim()函数附加到字符串对象上。
- 第 28 行和第 29 行使用字符串的新方法 trim()处理字符串"This　　is a new book."。

6.3 数学（Math）对象

6.3.1 使用数学对象

JavaScript 的数学对象提供了大量的数学常数和数学函数，使用时不需要用关键字 new 而可以直接使用 Math 对象。例如，下述示例使用数学常数π计算圆的面积。

```
var r = 10;
var area = Math.PI * Math.pow(r,2);      // π* r * r
```

如果语句中需要大量使用 Math 对象，可以使用 with 语句，简化程序。例如，上述程序可以简化为：

```
with (Math) {
  var r = 10;
  var area = PI * pow(r,2);              // π* r * r
}
```

6.3.2 数学对象的属性和方法

使用数学对象属性的语法规则如下：

`Math.属性名`

使用数学对象方法的语法规则如下：

`Math.方法名(参数1，参数2，…)`

表 6-6 列出了 Math 对象的常用属性，表 6-7 列出了常用的方法函数。

表 6-6　　　　　　　　　　　　数学对象的属性

属　　性	数学意义	值
E	欧拉常量，自然对数的底	约等于 2.7183
LN2	2 的自然对数	约等于 0.6931
LN10	10 的自然对数	约等于 2.3026
LOG2E	2 为底的 e 的自然对数	约等于 1.4427
LOG10E	10 为底的 e 的自然对数	约等于 0.4343
PI	π	约等于 3.14159
SQRT1_2	0.5 的平方根	约等于 0.707
SQRT2	2 的平方根	约等于 1.414

表 6-7　　　　　　　　　　　　数学对象的方法

方　　法	意　　义	示　　例
abs(x)	返回 x 的绝对值	abs(2) 结果为 2，abs(-2) 结果为 2
acos(x)	返回某数的反余弦值(以弧度为单位)。x 在-1~1 范围内	acos(1) 结果为 0

续表

方法	意义	示例
asin(x)	返回某数的反正弦值(以弧度为单位)	asin(0.5) 结果约为 0.5236
atan(x)	返回某数的反正切值(以弧度为单位)	atan(1) 结果约为 0.7854
ceil(x)	返回与某数相等或大于该数的最小整数	ceil(-15) 结果为-15 ceil(-15.6) 结果为-15 ceil(15.2) 结果为 16 ceil(15) 结果为 15
cos(x)	返回某数(以弧度为单位)的余弦值	cos(Math.PI*2/6) 结果为 0.5
exp(x)	返回 e 的 x 次方	exp(2) 结果约为 7.389
floor(x)	与 ceil 相反,返回与某数相等或小于该数的最小整数	floor(-15) 结果为-15 floor(-15.6) 结果为-16 floor(15.2) 结果为 15 floor(15) 结果为 15
log(x)	返回某数的自然对数(以 e 为底)	log(Math.E) 结果为 1
max(x,y)	返回两数间的较大值	max(1,3) 结果为 3
min(x,y)	返回两数间的较小值	min(1,3) 结果为 1
pow(x,y)	返回 x 的 y 次方	pow(2,3) 结果为 8
random()	返回 0 和 1 之间的一个伪随机数	
round(x)	返回某数四舍五入之后的整数	round(3.4) 结果为 3
sin(x)	返回某数(以弧度为单位)的正弦值	sin(Math.PI/6) 结果为 0.5
sqrt(x)	返回某数的平方根	sqrt(9) 结果为 3
tan(x)	返回某数的正切值	tag(Math.PI/4) 结果为 1
toFixed(x)	返回某数四舍五入之后保留 x 位小数（JavaScript1.5）	var num1=1204.238; num1.toFixed(2) 结果为 1204.24
toPrecision(x)	返回某数四舍五入之后保留 x 位字符（JavaScript1.5）	var num1=1204.238; num1. toPrecision(5) 结果为 1204.2

6.3.3 特殊的常数和函数

JavaScript 除了提供上述数学对象外，还提供了一些特殊的常数和函数用于数学计算。

1. 常数 NaN 和函数 isNaN(x)

在使用 JavaScript 数学对象的过程中，当得到的结果无意义时，JavaScript 将返回一个特殊的值 NaN，表示"不是一个数（Not a Number）"。例如，在使用 acos(x)时，如果 x 不在-1～1 的范围内，将返回 NaN；又如，当使用 parseInt(x)转换成整数时，如果 x 是个字符，如 parseInt("B")，也将返回 NaN。

使用 JavaScript 的 isNaN(x)函数，可以测试其参数 x 是否是 NaN 值。例如：

```
1  <script type="text/javascript"> <!--
2  var alpha = Math.acos(2);
```

```
3       if (isNaN(alpha))
4         document.write("acos 函数的参数错误");
5       else
6         document.write("acos 函数的结果是"+alpha);
7     //--> </script>
```

在浏览器中执行上述程序，结果为：

acos 函数的参数错误

2. 常数 Infinity 和函数 isFinite (x)

JavaScript 还有一个特殊的常数叫做 Infinity，表示"无限"。例如，下述示例中，由于等式右侧的表达式都是被 0 除，因此，x1 的值是 Infinity，x2 的值是-Infinity。

```
x1 = 3/0;
x2 = -3/0;
```

JavaScript 用于测试是否是有限数的函数叫做 isFinite(x)。例如，在上述两个语句后加入下述两个语句，它们都将返回 false。

```
flag1 = isFinite(x1);
flag2 = isFinite(x2);
```

6.3.4 格式化数字

格式化数字指的是将整数或浮点数按指定的格式显示出来，如数字 1204.6237 按不同的格式要求可以显示表 6-8 所示的不同效果。

表 6-8　　　　　　　　　　　　　格式化数字的不同效果

格 式 要 求	显 示 效 果
无格式要求	1204.6237
保留 2 位小数	1204.62
保留 3 位小数	1204.624
保留 6 位小数	1204.623700
百分数（%）	120462.37
千分位符	1,204.6237

1．保留小数位数

一般可以通过下述两种方法进行数字保留位数的操作。

- 数学 Math 对象的 round (x)方法：

```
Math.round ( aNum * Math.pow(10,n) ) / Math.pow(10,n);    // 保留 n 位小数
```

这种方法用于需要保留的位数少于或等于原数字的小数位数，截取小数位数时采用四舍五入的方法。例如：

```
var aNum = 1204.6237;
var r1 = Math.round (aNum*100)/100;        // 保留 2 位小数，结果为1204.62
var r2 = Math.round (aNum*1000)/1000;      // 保留 3 位小数，结果为1204.624
```

- JavaScript 1.5 版本提供的 toFixed (n) 和 toPrecision (n)方法：

```
数字.toFixed(n);                  // 保留 n 位小数
数字.toPrecision (n);             // 保留 n 位数字
```

使用这两种函数可以进行保留小数位数、数字位数的各种操作。当需要保留的小数位数小于

原数字的小数位数时，采用四舍五入的方法截取小数位数；当需要保留的小数位数大于原数字的小数位数时，将进行补零操作；当需要保留的数字位数小于小数点位数时，采用科学表示法显示数字。例如：

```
var aNum = 1204.6237;
var r1 = aNum.toFix(2);              // 保留 2 位小数，结果为 1204.62
var r2 = aNum.toFix(3);              // 保留 3 位小数，结果为 1204.624
var r3 = aNum.toFix(6);              // 保留 6 位小数，结果为 1204.623700
var r4 = aNum.toPrecision (6);       // 保留 6 位数字，结果为 1204.62
var r5 = aNum.toPrecision (7);       // 保留 7 位数字，结果为 1204.624
var r6 = aNum.toPrecision (10);      // 保留 10 位数字，结果为 1204.623700
var r7 = aNum.toPrecision (2);       // 保留 2 位数字，结果为 1.2e+3
```

如果要检测当前的浏览器是否支持这两种函数，可以采用下述的方法。

```
var aNum = 1204.6237;
if (aNum.toFixed)                    //如果浏览器支持 toFixed() 函数
    aNum.toFixed(2)
```

2．添加千分位符

示例 6-8　为数字添加千分位符，其原理如图 6-4 所示。

目的：格式化数字。

程序文件名：ch6_08.htm。

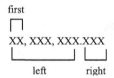

图 6-4　为数字添加千分位符原理图

```
1   <script type="text/javascript">  <!--
2   function formatFloat(inputString) {
3     inputString = new String(inputString);
4
5     //如果有小数点，leftLen 为整数的长度；如果没有小数点，leftLen 为输入数的长度
6     var leftLen = inputString.indexOf(".")>-1 ? inputString.indexOf(".") : inputString.length;
7
8     var leftString = inputString.substring(0, leftLen);       //整数内容
9     var rightString = inputString.substring(leftLen);         //小数点及以后的内容
10
11    var firstLen = leftLen % 3;       //第一个千分位在整数长度取模的位置
12    var ret = "";                     //最后结果放在变量 ret 中
13    var pos = firstLen;
14    ret = ret + leftString.substring(0,pos);                  //第一个千分位之前的内容
15    while (pos+3<= leftString.length) {                       //每 3 个数字加一个千分位符
16      if (ret!="") ret = ret + ",";
17      ret = ret + leftString.substring(pos,pos+3);
18      pos = pos + 3;
19    }
```

```
20        return (ret + rightString);
21   }
22
23   document.write(formatFloat(12345678.123));
24   //-->  </script>
```

在浏览器中执行上述程序,得到结果:

12,345,678.123

6.3.5 产生随机数

1. 产生 0~1 之间的随机数

直接使用 JavaScript 数学对象的方法 Math.random ()就可以产生 0~1 之间的随机数。

2. 产生 0~n 之间的随机数

用下面的程序可以产生 0~n 之间的随机数。

```
Math.floor(Math.random()*(n+1));
```

3. 产生 n1~n2 之间的随机数

用下面的程序可以产生 n1~n2 之间的随机数,其中 n1 小于 n2。

```
Math.floor(Math.random() * (n2 - n1)) + n1;
```

6.3.6 数学对象的应用实例

示例 6-9 随机产生 n 位字符串密码。

目的:数学对象中随机方法的应用。

程序文件名:ch6_09.htm。

```
1    <script type="text/javascript">  <!--
2    function randomString(stringLen) {   // stringLen 随机字符串长度
3      //有效字符
4      var validChar = "0123456789ABCDEFGHIJKLMNOPQRSTUVWXTZabcdefghiklmnopqrstuvwxyz";
5    //ret 为返回字符串变量
6      var ret = "";
7      for (var i=0; i< stringLen; i++) {
8        //从有效字符集中得到一个随机字符,并加到返回字符串变量中
9        var rnum = Math.floor(Math.random() * validChar.length);
10       ret += validChar.substring(rnum,rnum+1);
11     }
12     return ret;
13   }
14
15   //测试随机字符串函数
16   document.write(randomString(8)+"<br>");
17   document.write(randomString(9)+"<br>");
18   document.write(randomString(9)+"<br>");
19   //-->  </script>
```

如果在浏览器中执行该程序，就会得到类似下述所示的 3 个字符串，但是，每次执行该程序都会得到不同的结果。

```
oUmMTF9n
8Gy0MAqSP
cD3gMtWHO
```

示例 6-10　产生拼写单词试题。例如，对于英文单词 instruction，产生 3 字符拼写 in_tru_ti_n 或 5 字符拼写 ＿＿＿tr_cti_n 的试题。

目的：数学对象中随机方法的应用。

程序文件名：ch6_10.htm。

```
1   <script type="text/javascript">  <!--
2   function fillString(inputString,n) {
3   
4     //ret 为返回字符串变量
5     var ret = inputString;
6     var count = 0;
7     while (count<n) {
8       //从输入的字符串中得到一个随机字符，如果不是"_"，则用"_"替换之
9       var rnum = Math.floor(Math.random() * inputString.length);
10      if (ret.substring(rnum,rnum+1)!="_")  {
11        ret = ret.substr(0,rnum)+"_"+ret.substr(rnum+1);
12        count++;
13      }
14    }
15    return ret;
16  }
17  
18  //测试拼写单词函数
19  document.write(fillString("instruction",3)+"<br>");
20  document.write(fillString("communication",5)+"<br>");
21  document.write(fillString("study",3)+"<br>");
22  //-->  </script>
```

如果在浏览器中执行该程序，就会得到类似下述所示的 3 个字符串，但是，每次执行该程序都会得到不同的结果。

```
inst__ctio_
com__ni_a_i_n
_tu__
```

示例 6-11　在如图 6-5 所示的窗体中，显示了总额数，用户可以输入百分数或使用额。如果用户输入百分数，则自动计算出使用额，反之亦然，当用户输入使用额时，自动计算出百分数。另外，自动格式化用户的输入数，保留小数点 2 位，并加入千分位符。

图 6-5　示例 6-11 的网页效果

目的：数学对象方法的应用及格式化数字。

程序文件名：ch6_11.htm。

```
1   <html>
2   <head>
3   <script type="text/javascript"> <!--
4
5   // 将示例 6-8 改写成函数 currencyFormat()
6   function currencyFormat(inputString) {   // 添加千分位符并保留小数 2 位
7     if (String(inputString).indexOf(',')>-1)
8       return inputString;
9     var floatNumber = parseFloat(inputString);
10    if (isNaN(floatNumber))
11      return inputString;
12
13    var strIt = String(floatNumber.toFixed(2));
14    var loc = strIt.indexOf('.');
15    var left = strIt.substring(0,loc);
16    var right = strIt.substring(loc);
17    var first = left.length%3;
18    var ret = "";
19    var pos = first;
20    ret = ret + left.substring(0,pos);
21    while (pos+3<=left.length) {
22      if (ret!="")
23        ret = ret + ",";
24      ret = ret + left.substring(pos,pos+3);
25      pos = pos + 3;
26    }
27    return ret+right;
28  }
29
30  // 移去千分位符
31  function noCurrencyFormat(inputString) {
32    var s = String(inputString);
33    var arrStr = s.split(',');          // 以 "," 为分隔符将数存到数组中
34    var ret = '';
35    for (var i=0; i< arrStr.length;i++) {
36      ret = ret + arrStr[i];
37    }
38    return ret;
39  }
40
41  // 保留小数 2 位
42  function percentFormat(inputString) {
43    var floatNumber = parseFloat(inputString);
44    if (isNaN(floatNumber))
```

```javascript
45       return;
46     return floatNumber.toFixed(2);
47   }
48
49   // 计算并显示使用额
50   function getAmount() {
51     var sTotal = document.mainForm.total.value;        // 总额数
52     var sPercent = document.mainForm.percent.value;    // 百分数
53     if (!isFloat(sPercent)) {                          // 检测用户是否输入浮点数
54       alert("Percent error.");
55       document.mainForm.percent.focus();
56       return;
57     }
58     // 计算使用额
59     var sAmount = parseFloat(noCurrencyFormat(sTotal)) * parseFloat(sPercent) /100;
60     // 格式化使用额
61     document.mainForm.amount.value = currencyFormat(sAmount);
62     // 格式化百分数
63     document.mainForm.percent.value = percentFormat(sPercent);
64   }
65
66   function getPercent() {                              // 计算并显示百分数
67     var sTotal = document.mainForm.total.value;        // 总额数
68     var sAmount = document.mainForm.amount.value;      // 使用额
69     if (!isFloat(sAmount)) {                           // 检测用户是否输入浮点数
70       alert("Amount error.");
71       document.mainForm.amount.focus();
72       return;
73     }
74     // 计算百分数
75     var sPercent = 100 * parseFloat(noCurrencyFormat(sAmount)) / parseFloat(noCurrencyFormat(sTotal));
76     // 格式化百分数
77     document.mainForm.percent.value = percentFormat(sPercent);
78     // 格式化使用额
79     document.mainForm.amount.value = currencyFormat(sAmount);
80   }
81
82   function isFloat(inputString) {
83     // ...
84     // ...
85     return true;
86   }
87 //-->
```

```
88      </script>
89    </head>
90
91    <body>
92      <form name="mainForm">
93        <div>总额(¥):<input type="text" name="total" value="10,000.00" readonly></div>
94        <div>百分数(%):<input type="text" name="percent" onblur="getAmount()"></div>
95        <div>使用额(¥):<input type="text" name="amount" onblur="getPercent()"></div>
96      </form>
97    </body>
98    </html>
```

- 本程序未完成第 82~86 行的函数 isFloat(),实际应用时应完成该校验用户输入的函数。

示例 6-12 在网页中画出数学 six(x) 的曲线,如图 6-6 所示。

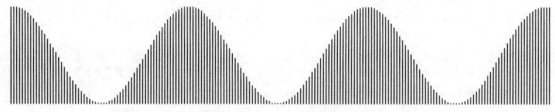

图 6-6　示例 6-12 的网页效果

目的:学习使用数学对象的方法来得到数学函数值,使用 document.write 语句输出 HTML 内容。

程序文件名:ch6_12.htm。

```
1   <script type="text/javascript"> <!--
2   function data(y) {
3     return '<IMG SRC="dot.gif" WIDTH="1" HEIGHT="' + Math.floor((y*50)+51) + '">';
4   }
5   var output = '<TABLE CELLPADDING="1" CELLSPACING="0" BORDER="0"><TR>';
6   for (var i=0; i<40; i+=.1) {
7     output += '<TD VALIGN="BOTTOM">' + data(Math.sin(i)) + '<\/TD>';
8   }
9   output += '<\/TR><\/TABLE>';
10  document.write(output);
11  //--></script>
```

- 本示例通过 JavaScript 将 HTML 的标记等作为字符串,保存在变量 output 中,最后通过第 10 行的 document.write 语句向屏幕输出,得到网页效果。
- 数学函数的值是在第 7 行通过 Math.sin(i)得到的,然后通过第 2~4 行的函数 data(y)将 Math.sin(i)的值变成图像的高度。因此,使用该示例时,应有一个文件名为 dot.gif 的图像文件,该图像是一个长、宽分别为 1 像素的黑色点。

6.4 日期（Date）对象

6.4.1 新建日期

使用关键字 new 新建日期对象时，可以用下述 4 种方法：

```
new Date();
new Date(日期字符串);
new Date(年,月,日[,时,分,秒,毫秒]);
new Date(毫秒);
```

如果新建日期对象时不包含任何参数，得到的是当日的日期。

如果使用"日期字符串"作为参数，其格式可以使用 Date.parse（）方法识别的任何一种表示日期、时间的字符串。例如，"April 10, 2003"，"12/24/1988 16:12:0"，"Sat Sep 18 09:22:28 EDT 2004"等。

如果使用"年,月,日[,时,分,秒,毫秒]"作为参数，这些参数都是整数，其中"月"从 0 开始计算，即 0 表示一月份，1 表示二月份……依此类推。方括号中的参数可以不填写，其值就表示零。

如果使用"毫秒"作为参数，该数代表的是从 1970 年 1 月 1 日至指定日期的毫秒数值。

新建日期得到的结果是标准的日期字符串格式，如果没有指定时区的话，将返回的是当地时区（计算机设定）的时间。

示例 6-13 新建日期对象。

程序文件名：ch6_13.htm。

```
1   <script type="text/javascript"> <!--
2     var myDate1 = new Date();
3     var myDate2 = new Date("April 10, 2003 ");
4     var myDate3 = new Date("April 10, 2003 8:20:4");
5     var myDate4 = new Date(04,2,1,1);  // 2004年3月1日1时
6     var myDate5 = new Date(1988,0,1,16,25,0,0);
7     var myDate6 = new Date(200000000);
8     for (var i=0; i<6; i++) {
9       document.write("myDate"+(i+1)+" is " + eval("myDate"+(i+1)) + "<br>");
10    }
11  //--></script>
```

在浏览器中执行上述程序，得到结果：

```
myDate1 is Sat Sep 18 09:22:28 EDT 2011
myDate2 is Thu Apr 10 00:00:00 EDT 2003
myDate3 is Thu Apr 10 08:20:04 EDT 2003
myDate4 is Tue Mar 1 01:00:00 EST 2004
myDate5 is Fri Jan 1 16:25:00 EST 1988
myDate6 is Sat Jan 3 02:33:20 EST 2070
```

6.4.2 日期对象的属性和方法

日期对象的属性除了作为对象所特有的两个属性 constructor 和 prototype（参见"6.1.5 数组对象的常用属性和方法"及"6.2.6 字符串对象的属性和方法"），没有其他的属性。

日期对象的方法除了作为对象所具有 toString()和 toSource()方法外，其他方法如表 6-9 所示。值得注意的是，大部分的方法用于日期对象变量，而 parse()和 UTC()两个方法不需要日期对象变量，可以直接使用日期对象关键字 Date。

表 6-9　　　　　　　　　　　　　　日期对象的方法

日期对象方法语法规则	意　　义	时　　区
日期对象.getDate()	返回整数，表示日期对象月份中的日期数（1～31）	计算机指定时区
日期对象.getDay()	返回整数，表示日期对象中的星期数，0 表示星期日，6 表示星期六	计算机指定时区
日期对象.getMonth()	返回整数，表示日期对象中的月份数，0 表示一月，1 表示二月……依此类推	计算机指定时区
日期对象.getFullYear()	返回 4 位整数，表示日期对象中的年。用该方法代替使用 getYear()方法	计算机指定时区
日期对象.getYear()	返回两位整数，表示日期对象中的年。（避免使用该方法，而用 getFullYear()方法）	计算机指定时区
日期对象.getHours()	返回整数，表示日期对象中的小时数（0～23）	计算机指定时区
日期对象.getMinutes()	返回整数，表示日期对象中的分钟数（0～59）	计算机指定时区
日期对象.getSeconds()	返回整数，表示日期对象中的秒数（0～59）	计算机指定时区
日期对象.getMilliseconds()	返回整数，表示日期对象中的毫秒数（0～999）	计算机指定时区
日期对象.getTime()	返回整数，表示自 1970 年 1 月 1 日 0：0：0 起的毫秒数	计算机指定时区
日期对象.getTimezoneOffset()	返回整数，表示计算机设定时区与格林尼治标准时间相差的分钟数	格林尼治标准时间
日期对象.getUTCDate()	与 getDate()意义相同，只是表示的时区不同	格林尼治标准时间
日期对象.getUTCDay()	与 getDay()意义相同，只是表示的时区不同	格林尼治标准时间
日期对象.getUTCMonth()	与 getMonth()意义相同，只是表示的时区不同	格林尼治标准时间
日期对象.getUTCFullYear()	与 getFullYear()意义相同，只是表示的时区不同	格林尼治标准时间
日期对象.getUTCHours()	与 getHours()意义相同，只是表示的时区不同	格林尼治标准时间
日期对象.getUTCMinutes()	与 getMinutes()意义相同，只是表示的时区不同	格林尼治标准时间
日期对象.getUTCSeconds()	与 getSeconds()意义相同，只是表示的时区不同	格林尼治标准时间
日期对象.getUTCMilliseconds()	与 getMilliseconds()意义相同，只是表示的时区不同	格林尼治标准时间
Date.parse(日期字符串)	返回整数，表示自 1970 年 1 月 1 日 0：0：0 起的毫秒数	计算机指定时区
日期对象.setDate(日期数)	设置日期对象月份中的日期数 1～31	计算机指定时区
日期对象.setFullYear(年[,月,日])	设置日期对象中的年数，4 位整数	计算机指定时区
日期对象.setHours(小时[,分,秒,毫秒])	设置日期对象中的小时数	计算机指定时区
日期对象.setMilliseconds(毫秒)	设置日期对象中的毫秒数	计算机指定时区
日期对象.setMinutes(分[,秒,毫秒])	设置日期对象中的分种数	计算机指定时区
日期对象.setMonth(月[,日])	设置日期对象中的月份数	计算机指定时区
日期对象.setSeconds(秒[,毫秒])	设置日期对象中的秒数	计算机指定时区

续表

日期对象方法语法规则	意义	时区
日期对象.setTime(总毫秒数)	设置日期对象中自 1970 年 1 月 1 日 0：0：0 起的毫秒数	计算机指定时区
日期对象.setYear()	设置日期对象中的年数，如果位数小于等于两位，则年份表示 19××	计算机指定时区
日期对象.setUTCDate()	与 setDate()意义相同，只是表示的时区不同	格林尼治标准时间
日期对象.setUTCDay()	与 setDay()意义相同，只是表示的时区不同	格林尼治标准时间
日期对象.setUTCMonth()	与 setMonth()意义相同，只是表示的时区不同	格林尼治标准时间
日期对象.setUTCFullYear()	与 setFullYear()意义相同，只是表示的时区不同	格林尼治标准时间
日期对象.setUTCHours()	与 setHours()意义相同，只是表示的时区不同	格林尼治标准时间
日期对象.setUTCMinutes()	与 setMinutes()意义相同，只是表示的时区不同	格林尼治标准时间
日期对象.setUTCSeconds()	与 setSeconds()意义相同，只是表示的时区不同	格林尼治标准时间
日期对象.setUTCMilliseconds()	与 setMilliseconds()意义相同，只是表示的时区不同	格林尼治标准时间
日期对象.toUTCString()	将日期对象转换成格林尼治标准时间的日期字符串	格林尼治标准时间
日期对象.toLocaleString()	将日期对象转换成当地时区的日期字符串	计算机指定时区
Date.UTC(年,月,日[,时,分,秒,毫秒])	返回整数，表示自 1970 年 1 月 1 日 0：0：0 起的毫秒数	格林尼治标准时间

6.4.3 日期对象的应用实例

示例 6-14 用下述不同的格式显示今天的日期。
- 格式 1：月/日/年×/×/××××。
- 格式 2：月/日/年××/××/××××。
- 格式 3：××××年×月×日星期×。
- 格式 4：由图像表示的日期，如图 6-7 所示。

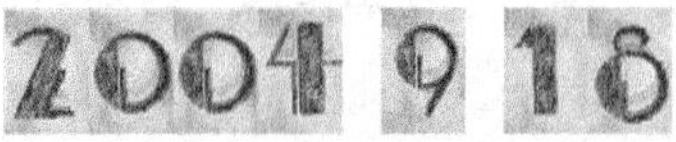

目的：日期对象方法的应用。

图 6-7 用图像表示的日期

程序文件名：ch6_14.htm。

```
1   <script type="text/javascript">  <!--
2   var sWeek = new Array("日","一","二 ","三","四","五","六");
3
4   var myDate = new Date();     // 当天的日期
5
6   var sYear = myDate.getFullYear();       // 年
7   var sMonth = myDate.getMonth()+1;       // 月
8   var sDate = myDate.getDate();           // 日
9   var sDay = sWeek[myDate.getDay()];      // 星期
10
```

```
11    // 格式 1
12    document.write(sMonth + "/" + sDate + "/" + sYear + "<br>");
13    // 格式 2
14    document.write(formatTwoDigits(sMonth) + "/" +
15                   formatTwoDigits(sDate) + "/" +
16                   sYear + "<br>");
17    // 格式 3
18    document.write(sYear + "年" + sMonth + "月" + sDate + "日" + " 星期" + sDay + "<br>");
19    // 格式 4
20    document.write(imageDigits(sYear) + "  " +
21                   imageDigits(sMonth) + "  " +
22                   imageDigits(sDate) + "<br>");
23
24    // 如果输入数是 1 位数, 在十位数上补 0
25    function formatTwoDigits(s) {
26      if (s<10) return "0"+s;
27      else return s;
28    }
29
30    // 将数转换为图像, 注意, 在本文件的相同目录下已有 0~9 的图像文件, 文件名为 0.gif,
      1.gif …… 依此类推
31    function imageDigits(s) {
32      var ret = "";
33      var s = new String(s);
34      for (var i=0; i<s.length; i++) {
35        ret += '<img src="' + s.charAt(i) + '.gif">';
36      }
37      return ret;
38    }
39    //--></script>
```

执行上述程序后，得到如下结果：

9/18/2004
09/18/2004
2004 年 9 月 18 日 星期六

示例 6-15 校验用户输入的日期字符串。如图 6-8 所示，用户输入两个日期数后校验。

图 6-8 校验用户输入日期

- 用户输入的是合法的日期字符串，格式为 mm/dd/yyyy。
- 用户输入的第一个日期小于等于第二个日期。
- 显示两个日期相差的天数。

目的：日期对象方法的应用。

程序文件名：ch6_15.htm。

```
1   <html>
2   <head>
3    <script type="text/javascript">  <!--
4    var minYear=1900;
5    var maxYear=2100;
6    var dtCh = "/";
7
8    // 检验输入字符串 s 是否是整数
9    function isInteger(s) {
10     if (isNaN(parseInt(s))) return false;
11     return true;
12   }
13
14   // 从输入字符串 s 中移去 dtChs 中包含的字符
15   // 例如，从字符串 11/1/2004 中移去字符"/"，返回"1112004"
16   function removeAllDtCh(s, dtChs){
17     var returnString = "";
18     // 检验输入字符串 s 中的每个字符，
19     // 如果字符不在 dtChs 中，就将它加到返回字符串 returnString 中
20     for (var i = 0; i < s.length; i++){
21        var c = s.charAt(i);
22        if (dtChs.indexOf(c) == -1) returnString += c;
23     }
24     return returnString;
25   }
26
27   // 返回一个存有每个月中天数的数组
28   function DaysArray(n) {
29     for (var i = 1; i <= n; i++) {
30        this[i] = 31;
31        if (i==4 || i==6 || i==9 || i==11) {this[i] = 30}
32        if (i==2) {this[i] = 29}
33     }
34     return this;
35   }
36
37   // 返回指定年份中的二月份的天数
38   function daysInFebruary (year){
39     // 如果年份可以被 4 整除，且年份不是世纪年或年份可以被 400 整除，那么，二月份将有 29 天
40     // 否则，二月份将有 28 天
```

```
41      return (((year % 4 == 0) && ( (!(year % 100 == 0)) || (year % 400 == 0))) ?
        29 : 28 );
42    }
43
44    // 日期校验主程序
45    function isDate(dtStr){
46      if (dtStr=="") return true;
47      var daysInMonth = DaysArray(12);
48      var pos1=dtStr.indexOf("/");
49      var pos2=dtStr.indexOf("/",pos1+1);
50
51      if (pos1==-1 || pos2==-1){
52          alert("日期格式是: mm/dd/yyyy")
53          return false;
54      }
55
56      var strMonth=dtStr.substring(0,pos1);
57      var strDay=dtStr.substring(pos1+1,pos2);
58      var strYear=dtStr.substring(pos2+1);
59
60      if (strYear.length==2) strYear = "20"+strYear;
61
62      month=parseInt(strMonth,10);
63      day=parseInt(strDay,10);
64      year=parseInt(strYear,10);
65
66      if (strMonth.length<1 || month<1 || month>12){
67          alert("请输入有效的月份数")
68          return false;
69      }
70      if (strDay.length<1 || day<1 || day>31 || (month==2 && day>daysInFebruary(year))
        || day > daysInMonth[month]){
71          alert("请输入有效的月份中的日期数")
72          return false;
73      }
74      if (strYear.length != 4 || year==0 || year<minYear || year>maxYear){
75          alert("请输入 4 位年数, 范围为"+minYear+"至"+maxYear)
76          return false;
77      }
78      if (dtStr.indexOf(dtCh,pos2+1)!=-1 || !isInteger(removeAllDtCh(dtStr,
        dtCh))){
79          alert("请输入有效的日期")
80          return false;
81      }
82      return true;
83    }
84
85    function doDateCheck(from, to) {
```

```javascript
 86      if (!doDateFormatCheck(from)) return;
 87      if (!doDateFormatCheck(to)) return;
 88      if (Date.parse(from.value) <= Date.parse(to.value)) {
 89        alert("输入的日期有效。相差" + diffDays(from.value,to.value) + "天");
 90      }
 91      else {
 92        if (from.value == "" || to.value == "")
 93          alert("请输入两个日期");
 94        else
 95          alert("'至'日期必须大于'从'日期");
 96      }
 97    }
 98
 99    // 如果校验日期不合格,光标焦点到该输入框中
100    function doDateFormatCheck(o) {
101      if (!isDate(o.value)) {
102        o.select();
103        o.focus();
104        return false;
105      }
106      else return true;
107    }
108
109    // 得到两个日期的相差天数
110    function diffDays(from,to) {
111      var dFrom = new Date(from);
112      var dTo = new Date(to);
113      var dateDiffDays = parseInt((dTo - dFrom) / (1000 * 60 * 60 * 24));
114      return dateDiffDays;
115    }
116    //--></script>
117  </head>
118  <body>
119  <form>日期格式: mm/dd/yyyy<br>
120  从<input type="text" name="from" size="11" maxlength="11">
121  至<input type="text" name="to" size="11" maxlength="11">
122  <input type=button name="formatbutton" onClick="doDateCheck(this.form.from, this.form.to);" value="校验">
123  </form>
124  </body>
125  </html>
```

第7章 JavaScript 常用文档对象

本章主要内容：
- 文档对象及其常用元素对象
- 动态改变网页内容和样式

7.1 文档对象结构

文档对象（document）是浏览器窗口（window）对象的一个主要部分，如图 7-1 所示，它包含了网页显示的各个元素对象。HTML 文档中的元素静态地提供了各级文档对象的内容，CSS 设置了网页显示的方式，通过本章的学习，我们将使用 JavaScript 程序动态地改变网页中的各级文档对象内容及网页样式，而 HTML 元素中的事件项，则是达到这一目的的"必经之路"，如图 7-2 所示。

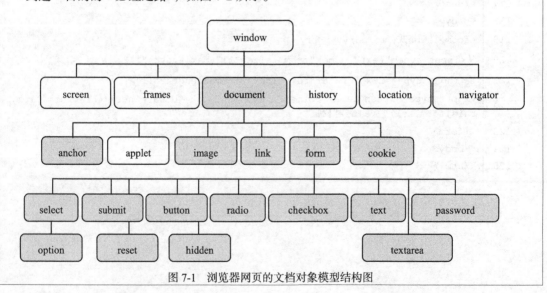

图 7-1 浏览器网页的文档对象模型结构图

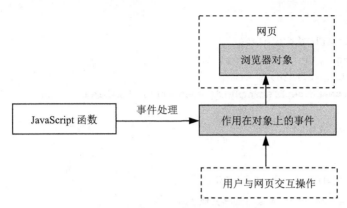

图 7-2　网页对象与 JavaScript 事件处理的关系

文档对象及其包含的各种元素对象与前面学习的 JavaScript 对象一样，具有属性和方法两大要素。通过 JavaScript 改变网页的内容和样式，实际上就是通过调用 JavaScript 函数改变文档中各个元素对象的属性值，或使用文档对象的方法，模仿用户操作的效果，示例 7-1 简单地说明了这一过程。

本章以后的示例中我们将主要给出 HTML 和 JavaScript 的相关程序语句，而不会给出全部的程序内容，读者在应用的过程中应该加上 HTML 的一些必须的程序内容，如 doctype 语句、html 元素、head 元素以及 body 元素等。

```
<!DOCTYPE HTML PUBLIC "-//W3C//DTD HTML 4.01//EN"
"http://www.w3.org/TR/html4/strict.dtd">
<html lang="zh-CN">
  <head>
    <meta http-equiv="Content-Type" content="text/html; charset=gb2312">
    <meta http-equiv="Content-Language" content="zh-CN">
    <title>…</title>
  </head>
  <body>
    …
  </body>
</html>
```

示例 7-1　在如图 7-3 左图所示的网页中，当用户单击一次按钮后，不可以再次单击它，如图 7-3 右图所示。

图 7-3　示例 7-1 的网页效果

目的：初步了解如何使用 JavaScript 得到文档中的元素对象和使用其属性、方法及事件。
程序文件名：ch7_01.htm。

```
1   <head>
2   <title>文档对象</title>
3   <script type="text/javascript"><!--
4     function clickButton() {
5       document.getElementById("myButton").disabled = true;
6     }
7   //--></script>
8   </head>
9   <body>
10    <h1 id="myTitle">文档对象示例</h1>
11    <p><a href="others.htm">其他示例</a>
12    <input type="button" id="myButton" name="buttonName" value="单击一下" onclick="clickButton()"></p>
13  </body>
```

- 该示例中的 HTML 文档中有一个按钮元素，第 12 行中设置了它的标识是 myButton，设置的事件是 onclick，作用在事件上的 JavaScript 函数是 clickButton，当用户单击按钮时，这一函数就会被调用。在这个函数中，JavaScript 通过按钮的标识 myButton 得到按钮元素对象——document.getElementById("myButton")，然后设置元素对象上的属性 disabled 为 true，使得按钮处于不能被单击的状态。

7.1.1 文档对象的结点树

从图 7-1 中可以看出，文档对象中的内容与 HTML 文档中的元素是相对应的，实际上，每个 HTML 文档都可以用结点树结构来表现，并且通过元素、属性和文字内容三要素来描述每个结点。例如，示例 7-1 中 HTML 文档对应的文档对象结点树如图 7-4 所示。

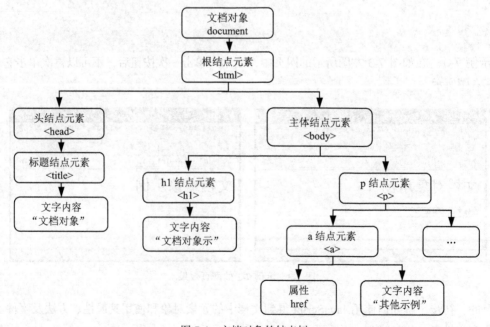

图 7-4 文档对象的结点树

文档对象结点树有以下特点：
- 每个结点树有一个根结点，如图 7-4 所示的 html 元素。
- 除了根结点，每个结点都有一个父结点，如图 7-4 所示的除 html 元素以外的其他元素。
- 每个结点都可以有许多的子结点。
- 具有相同父结点的叫做"兄弟结点"，如图 7-4 所示的 head 元素和 body 元素、h1 元素和 p 元素等。

文档对象结点树中的每个结点代表了一个元素对象，这些元素对象的类型虽然可以各不相同，但是它们都具有相同的结点属性和方法（每种元素对象还有一些特有的属性和方法，详见"7.2 文档对象"），通过这些结点属性和方法，JavaScript 就可以方便地得到每个结点的内容，并且可以进行添加、删除结点等操作。表 7-1 和表 7-2 分别列出了元素结点的常用属性和方法。

表 7-1　　　　　　　　　　　　　文档对象结点的常用属性

属　性	意　义
body	只能用于 document.body，得到 body 元素
innerHTML	元素结点中的文字内容，可以包括 HTML 元素内容
nodeName	元素结点的名字，是只读的，对于元素结点就是大写的元素名，对于文字内容就是"#text"，对于 document 就是"#document"
nodeValue	元素结点的值，对于文字内容的结点，得到的就是文字内容
parentNode	元素结点的父结点
firstChild	第一个子结点
lastChild	最后一个子结点
previousSibling	前一个兄弟结点
nextSibling	后一个兄弟结点
childNodes	元素结点的子结点数组
attributes	元素结点的属性数组

表 7-2　　　　　　　　　　　　　文档对象结点的常用方法

方　法	意　义
getElementById(id)	通过结点的标识得到元素对象
getElementsByTagName(name)	通过结点的元素名得到元素对象
getElementsByName(name)	通过结点的元素属性 name 值得到元素对象
appendChild(node)	添加一个子结点
insertBefore(newNode,beforeNode)	在指定的结点前插入一个新结点
removeChild(node)	删除一个子结点
createElement("大写的元素标签名")	新建一个元素结点，只能用于 document.createElement（"大写的元素名"）

7.1.2　得到文档对象中元素对象的一般方法

JavaScript 通过使用结点的属性和方法，可以用下述几种方式得到文档对象中的各个元素对象。

（1）document.getElementById。如果 HTML 元素中设置了标识 id 属性，就可以通过这一方法直接得到该元素对象，它的格式是：

`document.getElementById('元素标识名')`

如示例 7-1 中第 5 行所示就是通过按钮的标识得到按钮对象。

（2）document.getElementsByTagName。这种方式是通过元素标签名得到一组元素对象数组（array），它的格式是：

`document.getElementsByTagName('元素标签名')`

或：

`结点对象.getElementsByTagName('元素标签名')`

使用第二种格式，将得到该"结点对象"下的所有指定元素标签名的对象数组。例如，示例 7-1 中的按钮元素对象也可以通过下述语句得到，表示"一组元素标签名是 input 中的第一个元素"，因为这个网页中只有一个按钮元素。

`document.getElementsByTagName('input')[0]`

（3）document.getElementsByName。这种方式是通过元素名（name）得到一组元素对象数组（array），它的格式是：

`document.getElementsByName('元素名')`

或：

`结点对象.getElementsByName('元素名')`

它一般用于结点具有 name 属性的元素，如大部分的表单及其控件元素都具有 name 属性（详见"7.2.3 表单（form）及其控件元素对象"）。因此，示例 7-1 中按钮元素对象也可以通过下述语句得到，表示"所有 name 是 buttonName 的元素中的第一个元素"。

`document.getElementsByTagName('input')[0]`

（4）结点关系。通过结点的一些关系属性 parentNode、firstChild、lastChild、previousSibling、nextSibling、childNodes[0]等，也可以得到元素结点。例如，示例 7-1 中的按钮元素也可以通过下述语句得到。

`document.getElementsByTagName('p')[0].lastChild`

（5）其他方法。JavaScript 还保留着以前版本中得到文档对象中元素对象的方法，例如：

- document.forms 得到一组表单对象数组。
- document.anchors 得到一组书签对象数组。
- document.links 得到一组链接对象数组。
- document.images 得到一组图像对象数组。

7.2 文档对象

通过前面文档对象结构的学习，我们已经知道，文档对象不仅本身具有属性和方法，它还包含了各种不同类型的元素对象（如图 7-1 所示），这些元素对象也具有不同的属性和方法。下面将介绍文档对象及其一些常用元素对象的属性和方法。

7.2.1 文档对象的属性和方法

文档对象（document）本身具有表 7-3 所示的常用属性及表 7-4 所示的常用方法。另外，除了大多数的网页事件都可用于文档对象外（详见"5.6 事件与事件处理程序"），文档对象还有 onload 和 onunload 事件。onload 事件发生于装载网页后，onunload 事件发生于离开网页前，具体用法详见示例 7-2。

表 7-3　　　　　　　　　　　　　文档对象的常用属性

属　　性	意　　义
title	网页标题
cookie	用于记录用户操作状态 由"变量名=值"组成的字符串，详见"7.2.2 文档对象的 cookie 属性"
domain	网页域名
lastModified	上一次修改日期

表 7-4　　　　　　　　　　　　　文档对象的常用方法

属　　性	意　　义
write	向网页中输出 HTML 内容
writeln	与 write 作用一样
open	打开用于 write 的输出流
close	关闭用于 write 的输出流

示例 7-2　在网页的标题中显示当前日期，在网页中显示网页的更新日期，当用户进入网页时说"您好"（如图 7-5 左图所示），当用户单击网页中的链接更换网页内容（如图 7-5 右图所示）时说"再见"。

图 7-5　示例 7-2 的网页效果

目的：使用文档对象的属性、方法及事件。

程序文件名：ch7_02.htm。

```
1   <script type="text/javascript"><!--
2     //设置网页标题
3     function setTitle() {
4       document.title = "Today is " + new Date();
5     }
6     //显示网页时……
7     function hello() {
```

```
8       alert("您好");
9     }
10    //离开网页时……
11    function bye() {
12      alert("再见");
13    }
14    //显示网页最后更新日期
15    function updateInfo() {
16      document.write("上一次本网页更新日期: ");
17      document.write(document.lastModified);
18    }
19    //显示新的网页内容
20    function newWindow() {
21      var msg1 = "这是新的一页。";
22      var msg2 = "大家好。";
23      document.open("text/html", "replace");
24      document.write(msg1);
25      document.write(msg2);
26      document.close();
27    }
28    //--></script>
29    <!-- 以下是HTML内容 -->
30    <body onload="setTitle();hello();" onunload="bye();">
31      <div><a href="javascript:newWindow()">新的一页</a></div>
32      <script type="text/javascript"><!--
33        updateInfo();
34      //--></script>
35    </body>
```

- 该示例的 JavaScript 第 1~28 行包含 5 个函数。
- 当装载该网页时，通过<body>标记中的事件 onload 调用了 setTitle()和 hello() 函数，因此，显示该网页时，浏览器的标题栏将显示当前的日期，并且弹出信息"您好"。
- 第 32~34 行通过 JavaScript 的函数直接向网页显示了该网页更新日期。
- 当用户单击链接"新的一页"时，由于这时将执行函数 newWindow()开始新的一页内容，也就是离开了当前页，因此，<body>标记中的 onunload 事件就会起作用，它调用了 bye()函数，即弹出了信息"再见"，同时，newWindow()向新的一页输出了如图 7-5 右图所示的内容。

7.2.2 文档对象的 cookie 属性

cookie 是文档对象的一个属性，它用于记录用户在浏览器中执行时的一些状态。用户在使用相同的浏览器显示相同的网页内容时，JavaScript 可以通过比较 cookie 属性值，从而显示不同的网页内容。例如，通过 cookie 可以显示用户在某网页的访问次数；可以自动显示登录网页中的用户名；对于不同语言版本的网页，可以自动进入到用户设置过的语言版本中等。

值得注意的是，用户可以在浏览器中删除已有的 cookie 或设置不使用 cookie，因此，在使用 cookie 的过程中，应该考虑到这种情况。

1．设置 cookie

浏览器保存 cookie 时是用一系列的"变量名 = 值"组成的字符串表示，并以分号"；"相间隔。设置 cookie 的字符串格式如下：

```
cookie名=cookie值;expires=过期日期字符串;[domain=域名;path=路径;secure;]
```

其中，expires 值设置的是该 cookie 的有效日期，如果网页显示时的日期超过了该日期，该 cookie 将会无效。domain 和 path 项是可选项，如果不设置 domain 和 path，则表示默认为网页所在的域名和路径。例如，某网页的地址是 http://www.usitd.com/sat，那么，域名就是 www.usitd.com，路径就是/sat。如果使用 secure，则表示客户端与服务器端传送 cookie 时将通过安全通道。

用 JavaScript 设置 cookie，实际上就是用 JavaScript 的方法组成上述 cookie 的字符串。在下面的示例 7-3 中第 3～10 行就是一般用于设置 cookie 的 JavaScript 函数。

2．取出 cookie

得到 cookie 时的字符串格式为：

```
cookie1名=cookie1值; cookie2名=cookie2值;…
```

同样，可以用 JavaScript 的方法分解上述字符串，以得到指定的 cookie 名所对应的值。下面示例 7-3 中第 13～27 行就是一般用于取出 cookie 值的 JavaScript 函数。

3．删除 cookie

删除 cookie 实际上是设置指定的 cookie 名的值为空字符串，过期日期是当前日期以前的日期。下面示例 7-3 中第 30～37 行就是一般用于删除 cookie 的 JavaScript 函数。

示例 7-3　网页中显示用户访问该网页的次数。

目的：设置、取出、删除 cookie 值。

程序文件名：ch7_03.htm。

```
1   <script type="text/javascript"><!--
2   //设置cookie
3   function setCookie(name, value, expires, path, domain, secure) {
4     var curCookie = name + "=" + escape(value) +
5       ((expires) ? "; expires=" + expires.toGMTString() : "") +
6       ((path) ? "; path=" + path : "") +
7       ((domain) ? "; domain=" + domain : "") +
8       ((secure) ? "; secure" : "");
9     document.cookie = curCookie;
10  }
11
12  //取出cookie
13  function getCookie(name)
14  {
15    //cookies是以分号相间隔的
16    var aCookie = document.cookie.split("; ");
17    for (var i=0; i < aCookie.length; i++)
18    {
```

```javascript
19        // 每一组分号中的内容都是用"名字=值"格式
20        var aCrumb = aCookie[i].split("=");
21        if (name == aCrumb[0])
22          // 使用unescape()函数以保证cookie值为有效的字符串
23          return unescape(aCrumb[1]);
24      }
25      // 要取出的cookie值不存在
26      return null;
27    }
28
29 //删除cookie
30 function deleteCookie(name, path, domain) {
31   if (getCookie(name)) {
32     document.cookie = name + "=" +
33     ((path) ? "; path=" + path : "") +
34     ((domain) ? "; domain=" + domain : "") +
35     "; expires=Thu, 01-Jan-70 00:00:01 GMT";
36   }
37 }
38
39 //当前日期
40 var now = new Date();
41 //设置cookie一年以后过期
42 now.setTime(now.getTime() + 365 * 24 * 60 * 60 * 1000);
43
44 //取出名字为"counter"的cookie值
45 var visits = getCookie("counter");
46 //如果cookie值没有找到，说明用户是第一次访问该网页
47 if (!visits) {
48   visits = 1;
49   document.write("欢迎您第一次访问这里.");
50 } else {
51   //将取出的cookie值加1
52   visits = parseInt(visits) + 1;
53   document.write("欢迎您回到这里，这是您第" + visits + "次访问这里.");
54 }
55
56 //重新设置cookie值
57 setCookie("counter", visits, now);
58 //--></script>
```

7.2.3 表单（form）及其控件元素对象

表单对象是文档对象的一个主要元素。表单对象包含许多用于收集用户输入内容的元素对象，如文本框（text）、按钮（button）、单选钮（radio）、复选钮（checkbox）、重置按钮（reset）、

列表（select）等，通过这些元素对象，表单将用户输入的数据传递到服务器端进行处理。

表 7-5、表 7-6 和表 7-7 分别列出了表单对象的常用属性、方法和事件，示例中 myForm 是一个表单对象，它可以用"7.1.2 得到文档对象中元素对象的一般方法"中介绍的任意一种方法得到。示例 7-4 显示了表单提交操作中的表单属性和方法的使用过程。

表 7-5　　　　　　　　　　　　表单对象的常用属性

属　性	意　义	示　例
action	表单提交后的 URL	myForm.action = "/doLogin.jsp"; myForm.action = "mailto:john@abc.com";
elements	表单中包含的元素对象（如文本、选钮等）数组	
length	表单中元素的个数	myForm.length（与 myForm.elements.length 一样）
method	提交表单的方式，post 或 get	myForm.method="post";
name	表单的名字，可以直接用于引用表单	var formName = myForm.name;
target	提交表单后显示下一网页的位置	myForm.target = "_top";

表 7-6　　　　　　　　　　　　表单对象的常用方法

方　法	意　义	示　例
reset()	将表单中各元素值恢复到默认值，与单击重置按钮（reset）的效果是一样的	myForm.reset()
submit()	提交表单，与单击提交按钮（submit）的效果是一样的	myForm.submit()

表 7-7　　　　　　　　　　　　表单对象的常用事件

属　性	意　义
onreset（JavaScript 语句或函数）	当进行重置表单操作时执行指定的 JavaScript 语句或函数
onsubmit（JavaScript 语句或函数）	当进行提交表单操作时执行指定的 JavaScript 语句或函数

示例 7-4　在图 7-6 所示的表单中，让用户输入电子邮件地址和邮件主题，单击"发送"按钮后，打开 Outlook 软件进行发送电子邮件的操作，这时用户输入的参数就会一起带到 Outlook 中。

图 7-6　发送电子邮件的表单

目的：使用表单对象的属性、方法和事件。

程序文件名：ch7_04.htm。

```
1    <script type="text/javascript">  <!--
2      // 通过表单的 onsubmit 事件调用该函数
3      function doSubmit() {
4        // 得到表单对象
5        var myForm = document.getElementById("emailForm");
6        // 用户输入的电子邮件地址
7        var sEmail = document.getElementById("txtEmail").value;
8        // 用户输入的电子邮件主题
9        var sSubject = document.getElementById("txtSubject").value;
```

```
10        // 表单中 action 的内容
11        var sAction = myForm.action;
12        // 将用户输入的电子邮件地址和主题附加到 action
13        // 使用函数 escape()将字符串中特殊字符转换为 URL 可识别的字符
14        sAction = sAction + escape(sEmail) + "?subject="+escape(sSubject);
15     } //--></script>
16  <!-- 以下是 HTML 内容 -->
17  <form name="emailForm" id="emailForm" action="mailto:" method="post" onsubmit="doSubmit()">
18     <div><label for="txtEmail">电子邮件地址</label><input type="text" name="txtEmail" id="txtEmail"></div>
19     <div><label for=" txtSubject ">主题:<input type="text" name="txtSubject" id="txtSubject"></div>
20     <div><input type="submit" name="btnSubmit" value="发送">
21     <input type="reset" name="btnReset" value="重置"></div>
22  </form>
```

1. 表单中的控件元素对象

表单中的控件元素对象一般都可以与 HTML 的元素一一对应，表 7-8 列出了表单常用的控件元素对象名称及相应的 HTML 元素示例。

表 7-8　　　　　　　　表单中的控件元素对象及相应的 HTML 标记

控件元素对象名称	type 属性值	HTML 元素示例
单行文本框	text	`<input type="text" name="txtUsername" id="txtUsername" value="john" onblur="checkString();">`
多行文本框	textarea	`<textarea name="txtNotes" id="txtNotes"></textarea>`
按钮	button	`<input type="button" name="btnGo" id="btnGo" value="ok" onclick="doValidate()">`
单选钮	radio	`<input type="radio" name="rdoAgree" id="rdoAgreeYes" checked="checked" value="yes">` `<input type="radio" name="rdoAgree" id="rdoAgreeNo" value="no">`
复选钮	checkbox	`<input type="checkbox" name="chkA" id="chkA1" checked="checked">`

列表：
（单选列表）
	select-one	`<select name="listProvince" id="listProvince">`
		`<option>Beijing</option>`
		`<option>Shanghai</option>`
		`</select>`

（多选列表）	select-multiple	`<select size=10 multiple="multiple" name="listProvince" id="listProvince">`
		`<option>Beijing</option>`
		`<option>Shanghai</option>`
		`</select>`

密码框	password	`<input type="password" name="txtPassword" id="txtPassword">`
重置按钮	reset	`<input type="reset" name="btnReset" id="btnReset">`
提交按钮	submit	`<input type="submit" name="btnSubmit" id="btnSubmit">`
隐含变量	hidden	`<input type="hidden" name="actionParam" id="actionParam" value="delete">`

表 7-9、表 7-10 和表 7-11 分别列出了表单控件元素对象的常用属性、方法及事件。由于不同类型的表单控件元素会有不同的属性、方法和事件，例如，种类为 radio、checkbox 的表单控件元

素，它们都会有"是否选上（checked）"的属性，而种类为 text、password、textarea 等表单控件元素都是用于用户输入文字的，因此，它们就不会有"是否选上（checked）"的属性，学习中应特别注意这些共同点和不同点。

表 7-9　　　　　　　　　　　表单控件元素对象的常用属性

属　　性	意　　义
form	返回当前元素属于的表单的名称
name	元素对象的名字，用于识别元素及提交至服务器端时作为变量名
type	元素对象的种类，有的是在 HTML 的标记中直接设置，详见示例 7-5
value	元素对象的值
defaultValue	元素对象的初始值（text、password、textarea）
defaultChecked	元素对象初始是否选上（checkbox、radio）
checked	元素对象是否选上（checkbox、radio）
readonly	该元素不可以被编辑，但变量仍传递到服务器端
disabled	该元素不可以被编辑，且变量将不传递到服务器端

表 7-10　　　　　　　　　　　表单控件元素对象的常用方法

方　　法	意　　义
blur()	让光标离开当前元素
focus()	让光标落到当前元素上
select()	用于种类为 text、textarea、password 的元素，选择用户输入的内容
click()	模仿鼠标单击当前元素

表 7-11　　　　　　　　　　　表单控件元素对象的常用事件

事　　件	意　　义
onblur	当光标离开当前元素时
onchange	当前元素的内容变化时
onclick	鼠标单击当前元素时
ondblClick	鼠标双击当前元素时
ondragdrop	拖曳当前元素时
onfocus	当光标落到当前元素上时
onkeydown	当按下键盘时
onkeypress	当按一下键盘时
onkeyup	当松开键盘时
onmousedown	当按下鼠标时
onmousemove	当移动鼠标时
onmouseout	当鼠标移出当前元素时
onmouseover	当鼠标移到当前元素时
onmouseup	当松开鼠标时
onmove	当移动当前元素时
onselect	当选择当前元素内容时（用于种类为 text、textarea、password 的元素）

同样，表单中的控件元素对象都可以用"7.1.2 得到文档对象中元素对象的一般方法"中介绍的任意一种方法得到。

2．列表及列表选项控件元素对象

列表对象 select 不同于其他控件元素对象，它包含下一级的对象叫做"列表选项"对象 option，如图 7-7 所示。因此，对于列表控件元素对象，除了具有表 7-8 列出的属性外，还具有表 7-12 列出的一些特别的属性。图 7-7 显示了列表元素的不同属性设置所得到的不同类型的列表：下拉列表、单选列表和多选列表。对于列表选项数组中的每个选项对象 option，它们还具有表 7-13 列出的属性。上述表中"示例"列中的 myList 为图 7-7 中的列表控件元素对象，即：

```
myList = document.getElementById("province");
```

（1）下拉列表

```
<select name="province" id="province">
    <option value="0">北京</option>
    <option value="1">上海</option>
    <option value="2">天津</option>
</select>
```

（2）单选列表

```
<select size="3" name="province" id="province">
    <option value="0">北京</option>
    <option value="1">上海</option>
    <option value="2">天津</option>
</select>
```

（3）多选列表

```
<select size="3" name="province" id="province" multiple>
    <option value="0">北京</option>
    <option value="1">上海</option>
    <option value="2">天津</option>
</select>
```

图 7-7　列表元素对象

表 7-12　列表的属性

属性	意义	示例
options	列表选项数组	myList.options[1]表示列表中的第二个选项
length	列表选项长度，与 options.length 相同	myList.length 结果为 3
selectedIndex	对于单选列表，它是当前选择项在选项数组中的元素序号；对于多选列表，它是第一个选择项在选项数组中的元素序号	对于图 7-7（2）单选列表，myList.selectedIndex 结果为 1

表 7-13　列表选项的属性

属性	意义	示例
selected	选项是否选上	对于图 7-7（3）多选列表，myList.options[1].selected 和 myList.options[2].selected 结果都是 true
defaultSelected	选项初始时是否选上	
text	选项的文字内容	myList.options[1].text 结果为"上海"
value	选项的值	myList.options[1].value 结果为"1"

在JavaScript中对列表进行添加、删除选项的操作如下。

- 添加列表选项：首先新建一个选项对象，然后将该对象赋值给列表选项数组。新建选项对象语法规则如下所示，其中方括号中的参数项表示可以省略。

```
new option([选项的文字内容,[ 选项的值[,初始是否选上[,是否选上]]]]);
```

例如，下述两行程序将为图 7-7 中的列表又添加一个选项。

```
var newoption = new option("重庆","3");
myList.options[3] = newoption;
```

- 删除列表选项：只要将列表选项数组中指定的选项赋值为 null 就可以了。例如，下列程序将删除图 7-7 中的列表第二项。

```
myList.options[1] = null;
```

3．表单元素对象的应用实例

示例 7-5 如图 7-8 左图所示，网页中列出了表单中各种类型的元素，当用户单击"开始测试"按钮后，JavaScript 根据表单元素的种类 type，自动进行填写文字内容、选择按钮、选择列表项等操作，得到如图 7-8 右图所示的效果，最后，在提示信息框中单击"OK"按钮，JavaScript 就会自动按下"重置"按钮，清空表单内容。

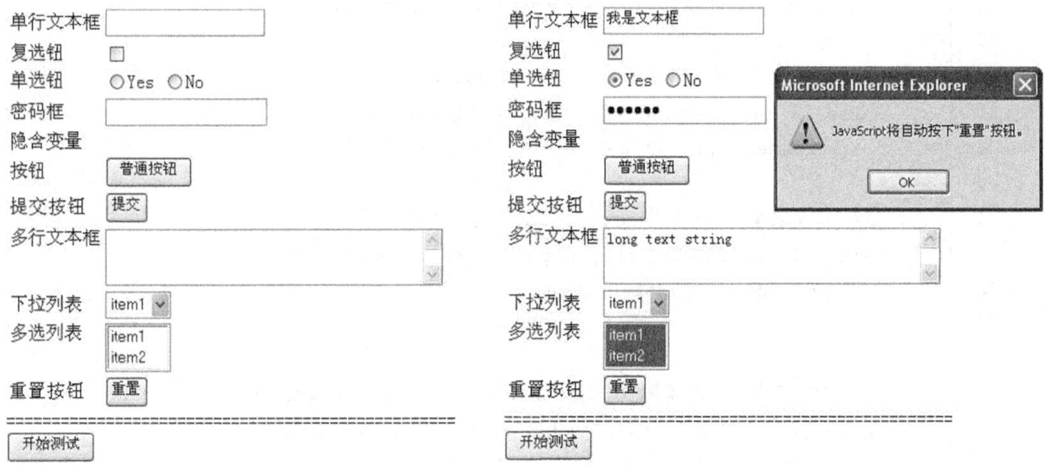

图 7-8 用 JavaScript 程序操作网页中的表单内容

目的：学习如何使用表单及其控件元素的属性、方法和事件，学习如何用 JavaScript 程序对表单中的元素进行赋值、选择等操作。

程序文件名：ch7_05.htm。

```
1    <script type="text/javascript">  <!--
2    function doTest() {
3      // allElements 为所有表单元素对象数组
4      var allElements = document.getElementById("myForm").elements;
5
6      // 对表单元素对象数组中的每个元素对象进行比较判断
7      for (var i=0; i<allElements.length; i++) {
8
9        // 如果表单元素种类是text，设置其值
10       if (allElements[i].type == "text")
```

```
11          allElements[i].value = "我是文本框";
12
13       // 如果表单元素种类是checkbox,将其选上并赋值
14       else if (allElements[i].type == "checkbox") {
15          allElements[i].checked = true;
16          allElements[i].value = "checkboxValue";
17       }
18
19       // 如果表单元素种类是radio,由于一组单选钮的名称是一样的
20       // 因此,通过比较其值进行选择
21       else if (allElements[i].type == "radio") {
22          if (allElements[i].value=="yes")
23             allElements[i].checked=true;
24       }
25
26       // 如果表单元素种类是password,设置其值,屏幕上将不会显示内容
27       else if (allElements[i].type == "password")
28          allElements[i].value = new Date().getTime();
29
30       // 如果表单元素种类是textarea,设置其值
31       else if (allElements[i].type == "textarea")
32          allElements[i].value = "long text string";
33
34       // 如果表单元素种类是select-one,选择其第二项
35       else if (allElements[i].type == "select-one") {
36          allElements[i].selectIndex = 1;
37       }
38
39       // 如果表单元素种类是多选列表select-multiple,选择每一项
40       else if (allElements[i].type == "select-multiple") {
41          allElements[i].options[0].selected = true;
42          allElements[i].options[1].selected = true;
43       }
44
45       // 如果表单元素种类是reset,出现提示框后按下它
46       else if (allElements[i].type == "reset") {
47          alert("JavaScript将自动按下\"重置\"按钮。");
48          allElements[i].click();
49       }
50    }
51 } //--></script>
52 <style type="text/css">
53    label, input, textarea, select {display:block; float:left; margin-bottom:10px; width:150px;}
54    label {width:70px;padding-right:20px}
55    br {clear:both;}
56    .short {width:40px}
```

```html
57      </style>
58      <!-- 以下是 HTML 内容 -->
59      <form name="myForm" id="myForm">
60        <label for="myText">单行文本框</label>
61        <input type="text" name="myText" id="myText"><br>
62        <label for="myCheckbox">复选按钮</label>
63        <input type="checkbox" name="myCheckbox" id="myCheckbox"><br>
64        <label>单选按钮</label>
65        <input type="radio" name="myRadio" id="myRadioYes" value="yes" class="short">
66        <label for="myRadioYes" class="short">Yes</label>
67        <input type="radio" name="myRadio" id="myRadioNo" value="no">
68        <label for="myRadioNo" class="short">No</label><br>
69        <label for="myPassword">密码框</label>
70        <input type="password" name="myPassword" id="myPassword"><br>
71        <label for="myHidden">隐含变量</label>
72        <input type="hidden" name="myHidden" id="myHidden"><br>
73        <label for="myButton">按钮</label>
74        <input type="button" name="myButton" id="myButton" value="按钮" class="short"><br>
75        <label for="mySubmit">提交按钮</label>
76        <input type="submit" name="mySubmit" id="mySubmit" value="提交" class="short"><br>
77        <label for="myTextarea">多行文本框</label>
78        <textarea name="myTextarea" id="myTextarea" cols="40" rows="3"> </textarea><br>
79        <label for="mySelect1">下拉列表</label>
80        <select name="mySelect1" id="mySelect1">
81          <option>item1</option>
82          <option>item2</option>
83        </select><br>
84        <label for="mySelect2">多选列表</label>
85        <select name="mySelect2" id="mySelect2" multiple size="2">
86          <option>item1</option>
87          <option>item2</option>
88        </select><br>
89        <label for="myReset">重置按钮</label>
90        <input type="reset"    name="myReset" id="myReset" value="重置" class="short"><br>
91        <div>==================================================</div>
92        <input type="button" value="开始测试" onclick="doTest()"><br>
93      </form>
```

示例 7-6 如图 7-9 所示，在表单 myForm 中有两个多选列表，用户可以从左侧列表中选择任意项，单击"＞＞"按钮将所选项移动到右侧列表中，同样也可以从右侧列表中选择任意项，然后单击"＜＜"按钮将所选项移动到左侧列表中。

目的：学习如何使用表单中的列表及列表选项元素，特别是如何进行列表项的添加、删除等操作。

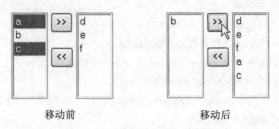

图7-9 移动多选列表中的元素

程序文件名：ch7_06.htm。

```
1   <script type="text/javascript"> <!--
2   // moveList 用于对两个多选列表进行选项的移动操作
3   // from 为"需要移动"的列表名称，to 为"移动到"的列表名称
4   function moveList(fromId,toId) {
5    var fromList = document.getElementById(fromId);
6    var fromLen = fromList.options.length;
7    var toList = document.getElementById(toId);
8    var toLen = toList.options.length;
9    // current 为"需要移动"列表中的当前选项序号
10   var current = fromList.selectedIndex;
11   // 如果"需要移动"列表中有选择项，则进行移动操作
12   while (current>-1) {
13     // o为"需要移动"列表中当前选择项对象
14     var o = fromList.options[current];
15     var t = o.text;
16     var v = o.value;
17     // 根据已选项新建一个列表选项
18     var optionName = new Option(t, v, false, false);
19     // 将该选项添加到"移动到"列表中
20     toList.options[toLen]= optionName;
21     toLen++;
22     // 将该选项从"需要移动"列表中清除
23     fromList.options[current]=null;
24     current = fromList.selectedIndex;
25    }
26  }
27  //--></script>
28  <style type="text/css">
29   #leftList, #rightList, #buttons {display:block; float:left;margin:10px}
30   #leftList, #rightList {width:50px;}
31   #buttons {width:40px;}
32  </style>
33  <!-- 以下是 HTML 内容 -->
34  <form name="myForm" id="myForm" >
35      <select name="leftList" id="leftList" multiple size="6">
```

36	`        <option>a</option>`
37	`        <option>b</option>`
38	`        <option>c</option>`
39	`      </select>`
40	`      <!-- 通过事件 onclick 调用 JavaScript 的 moveList()函数 -->`
41	`      <div id="buttons">`
42	`        <input type="button" name="to" id="to" value=" >> "  onclick="moveList('leftList','rightList')">`
43	`        <input type="button" name="backTo" name="backTo" value=" << " onclick="moveList('rightList','leftList')">`
44	`      </div>`
45	`      <select name="rightList" id="rightList" multiple size="6">`
46	`        <option>d</option>`
47	`        <option>e</option>`
48	`        <option>f</option>`
49	`      </select>`
50	`</form>`

示例 7-7 如图 7-10 所示，有 3 个文本框和 1 个提交按钮，每个文本框中的字符串长度都是 3，当用户输入到 3 个字符时，光标自动到下一个文本框中；另外，初始时提交按钮是不可按的状态，仅当 3 个文本框中都填写了内容后，提交按钮才变为可按的状态。

图 7-10　控制表单中的光标

目的：学习在表单中定位光标，学习如何使用表单元素的 disabled 属性及事件，学习如何在事件函数中使用 this 关键字。

程序文件名：ch7_07.htm。

1	`<script type="text/javascript"> <!--`
2	`// 控制光标，o 表示调用该函数时用户作用的对象`
3	`function go(o,n) {`
4	`  if (o.value.length>=3 && n!=null)`
5	`    document.getElementById(n).focus();`
6	`  doValidate();`
7	`}`
8	`// 检测文本框中是否都填写了内容，如果是，将提交按钮置为可按的状态`
9	`function doValidate() {`
10	`  var isValid = true;`
11	`  var myForm = document.getElementById("myForm");`
12	`  for (var i=0; i<myForm.length;i++) {`
13	`    var items = myForm.elements[i];`
14	`    if (items.value.length<3) {`
15	`      isValid = false;`
16	`      break;`
17	`    }`
18	`  }`
19	`  document.getElementById("submitBtn").disabled = !isValid;`
20	`} //--></script>`

```
21    <!-- 以下是 HTML 内容 -->
22    <form name="myForm" id="myForm">
23     <input type="text" name="t1" id="t1" size="3" onkeyup="go(this,'t2')">
24     <input type="text" name="t2" id="t2" size="3" onkeyup="go(this,'t3')">
25     <input type="text" name="t3" id="t3" size="3" onkeyup="go(this)">
26     <input type="submit" id="submitBtn" value="Submit" disabled="disabled">
27    </form>
```

7.2.4 链接（link）对象

链接对象对应在 HTML 中的元素是 a，它同样可以用"7.1.2 得到文档对象中元素对象的一般方法"中介绍的任意一种方法得到。链接对象所包含的属性与窗口（window）对象中的 location 对象（详见"8.4 网址（location）对象"）的属性完全一样，如表 7-14 所示，它们主要包括了链接地址的内容及链接目标等，JavaScript 可以通过改变这些属性值，从而改变链接对象的内容。

表 7-14   链接对象的属性

属 性	意 义	示 例
href	链接地址字符串，如果要调用 JavaScript 函数，要以"JavaScript:"开始	linkObj.href 结果为 http://67.85.238.132:18/cbx/e.jsp#blue
hash	href 中的以 # 开始的表示锚点的一个字符串	linkObj.hash 结果为 #blue
hostname	href 中的服务器名、域名或 IP 地址	linkObj.hostname 结果为 67.85.238.132
port	href 中的端口名	linkObj.port 结果为 18
host	href 中的 hostname 和 port	linkObj.host 结果为 67.85.238.132:18
pathname	href 中的子目录名及文件名	linkObj.pathname 结果为/cbx/e.jsp
protocol	href 中从开始至":"间的字符串	linkObj.protocol 结果为 http
search	href 中从"?"开始表示变量部分的字符串	linkObj.search 结果为 ?username=admin&group=grp1
target	显示链接地址的位置	linkObj.target 结果为_blank，表示新的一页

表 7-14 示例中的链接对象 linkObj 为某一网页中的一个链接，其 HTML 的内容是：

```
<a href="http://67.85.238.132:18/cbx/e.jsp?username=admin&group=grp1#blue" id="myLink" target="_blank">Blue</a>
```

用 JavaScript 得到该链接对象的语句是：

```
linkObj = document.getElementById("myLink");
```

另外，大多数的网页事件都可用于链接对象，有关网页事件项详见"5.6 事件及事件处理程序"，示例 7-8 就是一个在链接对象中应用 onmouseover、onmouseout 等事件的例子。

示例 7-8   如图 7-11 所示的表单中，通过链接提交该表单，并且，当光标移动到链接上时，浏览器的状态栏中将显示"提交至服务器……"（本示例仅适用于 IE 浏览器）。

目的：在链接对象中使用 onmouseover、

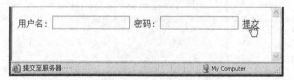

图 7-11   示例 7-8 的网页效果

onmouseout 事件；改变浏览器状态栏的信息。

程序文件名：ch7_08.htm。

```
1   <script type="text/javascript">  <!--
2   function showStatus(s) {
3     if (s=="in")
4       window.status="提交至服务器……";
5     else
6       window.status="";
7     return true;
8   }
9   //--></script>
10  <!-- 以下是 HTML 内容 -->
11  <form method="post" id="myForm" action="https://login.yahoo.com/config/login">
12    <input type=hidden name=".done" value="http://mail.yahoo.com" >
13    用户名：<input type="text" name="login" id="login">
14    密码：<input type="password" name="passwd" id="passwd">
15    <a href="javascript:document.getElementById('myForm').submit();" onmouseover="return showStatus('in')" onmouseout="return showStatus('out')">提交</a>
16  </form>
```

- 第 10～16 行为 HTML 的表单内容，其中第 15 行为链接元素。
- 对于一般的链接，当用户将鼠标移动到链接上时，浏览器的状态栏中就会出现链接地址等信息，本示例在链接标记中使用了 onmouseover 和 onmouseout 事件，通过调用 JavaScript 函数来改变状态栏中的信息显示。
- 该程序没有使用常规的提交按钮提交表单，而是通过链接标记中的 JavaScript 语句（或函数）完成这一操作。在链接标记中使用 JavaScript 语句时应注意，如果应用的是赋值语句，应使用 void 操作符取消返回值，否则就会出错。例如，如果将第 15 行改写为下述语句，单击链接后就会改变网页的背景颜色。

```
<a href="javascript:void(document.body.style.backgroundColor= 'lightBlue')">改变背景颜色</a>
```
如果上述语句中没有 void 关键字，即如下所示，当单击"改变背景颜色"链接时就会得到如图 7-12 所示的意想不到的效果。

```
<a href="javascript:document.bgColor='lightBlue';">改变背景颜色</a>
```

图 7-12　链接中的 JavaScript 是赋值语句而没有用 void 关键字就会出现意想不到的效果

7.2.5　图像（image）对象

图像对象对应在 HTML 中的元素是 img，它也可以用 "7.1.2 得到文档对象中元素对象的一般方法"中介绍的任意一种方法得到。图像对象所包含的属性如表 7-15 所示，其中有的属性是只可以读取，不可以改变的；示例中的 myImage 为某一网页中的一个图像，其 HTML 元素如下所示。

表 7-15　　　　　　　　　　　　　图像对象的属性

属　性	意　义	示　例
src	图像文件地址	myImage.src 结果为 file:///c:/js_book/myPict.gif
alt	关于图像对象功能的文字说明	myImage.alt 结果为"这个图片用于示例说明"
complete	浏览器显示图像是否完成（只读）	其值是 true 或 false
height	图像高度，单位是像素（只读）	myImage.height 结果为 50
width	图像宽度，单位是像素（只读）	myImage.width 结果为 35

```
<img src="myPict.gif" id="myImg" alt="这个图片用于示例说明">
```
因此，myImage 对象是：
```
myImage = document.getElementById("myImg");
```
大多数的网页事件都可用于图像对象，有关网页事件项详见"5.6 事件及事件处理程序"。例如，要制作翻转图片的效果，一般就可以应用 onmouseover 和 onmouseout 事件，详见示例 7-10。

示例 7-9　将示例 7-8 中的提交链接修改成图像，单击它将提交表单，如图 7-13 所示。

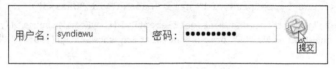

图 7-13　示例 7-9 的网页效果

目的：用图像替代按钮，在图像对象上使用事件。
程序文件名：ch7_09.htm。

● 只要将示例 7-8 第 15 行的链接元素改写为图像元素就可以了，它是通过 onclick 事件调用了 JavaScript 语句来完成表单提交的。

```
<img src="submit.gif" onclick="document.getElementById('myForm').submit();" alt="提交" onmouseover="return showStatus('in')" onmouseout="return showStatus('out')">
```

示例 7-10　制作翻转图片的效果。如图 7-14 所示，左上图为正常显示时的效果，当鼠标移动到不同的链接上时，图片就会出现不同的效果。

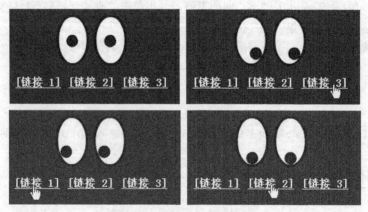

图 7-14　示例 7-10 的网页效果

目的：在图像对象上应用 onmouseover 和 onmouseout 事件。
程序文件名：ch7_10.htm。

```
1   <style type="text/css">
2     body {color:#eee;background:#00f}
3     a, a:link,a:visited,a:hover,a:active {color:#eeee00; font-weight:bold}
4   </style>
5   <!-- 以下是HTML内容 -->
6   <div>
7    <img id="lefteye" src="eye_c.gif" border="0" height="75" width="50">
8    <img id="righteye" src="eye_c.gif" border="0" height="75" width="50">
9   </div>
10  <div>
11  <a href="#" onmouseover="document.getElementById('lefteye').src='eye_l.gif';document.getElementById('righteye').src='eye_l.gif';" onmouseout="document.getElementById('lefteye').src='eye_c.gif';document.getElementById('righteye').src='eye_c.gif';"> [链接1]</a>
12  <a href="#" onmouseover="document.getElementById('lefteye').src='eye_d.gif';document.getElementById('righteye').src='eye_d.gif';" onmouseout="document.getElementById('lefteye').src='eye_c.gif';document.getElementById('righteye').src='eye_c.gif';"> [链接2]</a>
13  <a href="#" onmouseover="document.getElementById('lefteye').src='eye_r.gif';document.getElementById('righteye').src='eye_r.gif';" onmouseout="document.getElementById('lefteye').src='eye_c.gif';document.getElementById('righteye').src='eye_c.gif';"> [链接3]</a>
14  </<div>
```

> - 该示例虽然没有包含任何 JavaScript 的函数，但是在每个链接标记中的 onmouseover 和 onmouseout 事件中都包含了 JavaScript 语句，用于改变图像对象的文件名。
> - 该示例中包含 4 个图片，即左上图的 eye_c.gif、右上图的 eye_r.gif、左下图的 eye_l.gif 和右下图的 eye_d.gif。

示例 7-11 在网页的固定位置处，如图 7-15 所示的右上角，一星期 7 天每日显示不同的图像内容。

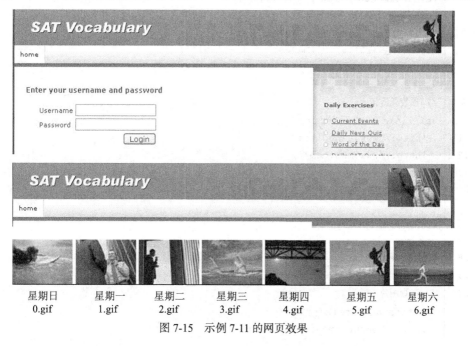

图 7-15 示例 7-11 的网页效果

目的：使用日期对象、图像对象的属性。

程序文件名：ch7_11.htm。

```
1   <script type="text/javascript"><!--
2   function changeImage() {
3     var today = new Date();
4     var number = today.getDay();
5     document.getElementById("myImage").src = "images/" + number + ".gif";
6   }
7   //--></script>
8   <!-- 以下是 HTML 内容 -->
9   <body onload="changeImage()">
10  <!-- 其他 HTML 语句 -->
11  <!-- 需要替换的图像 --><img src="images/1.gif" name="myImage">
12  <!-- 其他 HTML 语句 -->
13  </body>
```

说明

- 首先用 HTML 元素显示图像的位置，如第 11 行所示；当网页显示完后，通过 body 标记的 onload 事件调用了 JavaScript 函数 changeImage()，该函数通过计算当天的星期数修改图像对象的文件名。

示例 7-12 网页中有 3 个图片交替地动画显示着，当单击不同的图片时将在新的窗口中打开不同的网页。

目的：使用图像对象数组及其属性和方法，使用 setTimeout()函数动画地显示图片。

程序文件名：ch7_12.htm。

```
1   <script type="text/javascript"><!--
2   // 预装载图像
3   var theImages = new Array(3);
4   for (i=0, n=theImages.length; i<n; i++) {
5     theImages[i] = new Image();
6     theImages[i].src='images/' + i + '.gif';
7   }
8   
9   // 预装载链接
10  var links = new Array(
11    'http://www.yahoo.com/',
12    'http://www.msn.com/',
13    'http://www.google.com/'
14  );
15  
16  var currentImage = 1;
17  var run = true;
18  var speed = 1000; // 1s
19  
20  // 动画图片
21  function animate() {
22    if (!document.images) return;
```

```
23      if (!run) return;
24      document.getElementById("myImage").src = theImages[currentImage].src;
25      currentImage++;
26      if (currentImage > theImages.length-1) currentImage=0;
27      setTimeout('animate()',speed);
28    }
29
30    // 打开链接的网页
31    function go() {
32      window.open(links[currentImage],'_blank');
33    }
34    //--></script>
35    <!-- 以下是 HTML 内容 -->
36    <body onLoad="animate()">
37      <a href="javascript:go();"><img id="myImage" src="0.gif" border="0"></a>
38    <body>
```

- 该示例中 JavaScript 程序通过第 1～18 行首先定义了一些全局变量：预装载的图像对象数组 theImages、链接地址数组 links、当前动画图像序号以及动画间隔时间 speed 等。其中，图像对象数组的顺序与链接地址数组的顺序是一致的。图像文件名分别是 0.gif、1.gif 和 2.gif 等。
- 该示例的主要 JavaScript 函数是第 21～28 行的 animate()，它的主要作用是使用 setTimeout()函数每隔设定的时间 speed 执行本身，以达到动画的效果。初始时是通过 body 标记的 onload 事件调用该函数。
- 在第 37 行的链接元素中，使用了 JavaScript 函数 go()作为链接地址，即当用户单击动画的图片时，将调用 JavaScript 的函数 go()，该函数将从链接数组中得到当前图片所对应的链接地址，然后在新窗口中打开该网页。

7.3 动态改变网页内容和样式

7.3.1 动态改变网页内容

1．innerHTML 的方法

通过文档结点树中结点的 innerHTML 属性，不仅可以得到指定元素中的 HTML 语句内容，还可以通过重新设置元素中的内容，从而改变网页的显示内容。下面通过示例来学习这种方法。

示例 7-13　用 innerHTML 的方法显示、修改网页中的文字内容。如图 7-16 左图所示，当单击"显示"按钮时，信息框中显示网页中的内容，如图 7-16 中图所示；当单击"修改"按钮时，将修改网页中的文字内容，如图 7-16 右图所示。

目的：学习使用 innerHTML 的方法改变网页内容。

程序文件名：ch7_13.htm。

图 7-16 示例 7-13 的网页效果

```
1   <script type="text/javascript"><!--
2   function display() {
3     var title = document.getElementById('titleBar').innerHTML;
4     alert(title);
5   }
6   function change() {
7     document.getElementById('titleBar').innerHTML = '这是<span style="border:1px solid">改变后</span>的标题';
8   }
9   //--> </script>
10  <-- 以下是 HTML 内容 -->
11  <h1 id="titleBar">这是一个测试标题</h1>
12  <div style="margin-top:10px;">
13    <input type="button" value="显示" onclick="display();">
14    <input type="button" value="修改" onclick="change()">
15  </div>
```

● 示例中第 2~5 行的 display() 函数用于显示 id 为 titleBar 的 <h1></h1> 标记中的内容；第 6~8 行中的 change() 函数用于改变 id 为 titleBar 的 <h1></h1> 标记中的内容，这时在新的内容中包括了 HTML 的标记 <span></span>，因此，如图 7-16 右图所示就可以看到改变后的内容不仅包括了文字，也包括了 <span></span> 标记中的样式表的设置效果。

2．添加、删除结点的方法

通过文档结点树中结点的 appendChild（node）、removeChild（node）、insertBefore（newNode, beforeNode）和 createElement（"大写的元素标签名"）等方法，可以方便地在 HTML 文档中添加或删除元素。

示例 7-14　在示例 7-13 中加一个"添加"按钮，单击它后在按钮行前加一个 div 元素，如图 7-17 所示。

目的：学习使用添加结点的方法改变网页内容。

程序文件名：ch7_14.htm。

操作步骤如下。

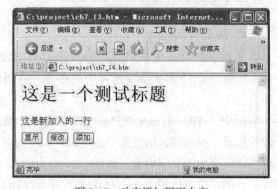

图 7-17 动态添加网页内容

(1) 在第 14 行和第 15 行之间插入下述语句。

```
<input type="button" value="添加" onclick="add()">
```

(2) 在第 8 行和第 9 行之间插入一段 JavaScript 函数。

```
function add() {
  var newObj = document.createElement('div');
  var beforeObj = document.getElementsByTagName('div')[0];
  newObj.innerHTML='这是新加入的一行';
  document.body.insertBefore(newObj,beforeObj);
}
```

这样就可以得到图 7-17 所示的效果。

7.3.2 动态改变网页样式

动态改变网页样式指的是通过 JavaScript 程序来设置或改变指定的 HTML 元素对象的网页样式属性，从而可以改变网页的表现方式。其语法规则如下：

```
网页元素对象.style.属性名 = 属性值
```

其中，"属性名"和"属性值"可以详见"2.2.3 常用的样式属性"。值得注意的是，如果属性名中带有减号"–"，那么，在 JavaScript 中减号后的字母就应该变为大写字母，如 border-color 在 JavaScript 中就应该变为 borderColor。

另外，文档对象提供了各种类型的元素对象定位及尺寸属性，如图 7-18 所示，分别给出了 <body> 标记和一个 <div> 标记的定位及尺寸属性意义，这些属性基本上用于读取，而不可以进行设置。从图 7-18 中可以看出下述特点。

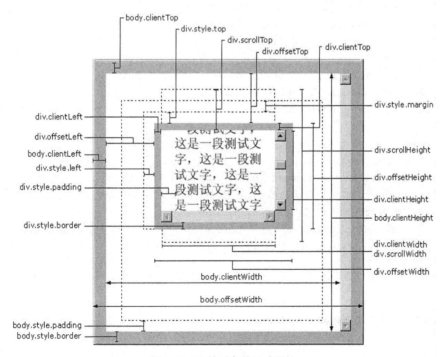

图 7-18 文档对象的尺寸属性

- 属性名中包含 "client" 的宽度和高度表示的是真正能够显示网页内容的区域；属性名中

包含"offset"的宽度和高度表示的是包括了元素对象边线在内的所有区域；属性名中包含"scroll"的宽度和高度表示的是包含全部网页内容的区域。

- 属性名中包含"offset"的定位表示相对于包含当前元素对象的上一级标记的原点，如果没有上一级标记，则表示相对于<body>的原点坐标；属性名中包含"scroll"的定位表示相对于网页内容区域端点的坐标。

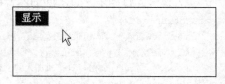

示例 7-15 如图 7-19 上图所示的网页中只有一个"显示"按钮，当光标移动到按钮上时，改变按钮的背景色与文字颜色，并且改变光标的样式，如图 7-19 中图所示；当光标移动到按钮外时，恢复按钮的背景色与文字颜色；单击按钮后，显示标题"这是一个测试标题"，并且改变按钮上的文字为"隐藏"，如图 7-19 下图所示；单击"隐藏"按钮后，按钮上的文字恢复为"显示"，并且隐藏了标题内容。

图 7-19 示例 7-15 的网页效果

目的：动态改变网页样式属性。

程序文件名：ch7_15.htm。

```
1   <script language="JavaScript"><!--
2     function changeButton(flag) {
3       var buttonObj = document.getElementById("myButton");
4       if (flag==1) {
5         buttonObj.style.backgroundColor = "lightBlue";
6         buttonObj.style.color = "black";
7         buttonObj.style.cursor = "pointer";
8       }
9       else {
10        buttonObj.style.backgroundColor = "darkBlue";
11        buttonObj.style.color = "white";
12        buttonObj.style.cursor = "default";
13      }
14    }
15    function display() {
16      var titleObj = document.getElementById("titleBar");
17      var buttonObj = document.getElementById("myButton");
18      if (titleObj.style.display!="block") {
19        titleObj.style.display = "block";
20        buttonObj.value= "隐藏";
21      }
22      else {
23        titleObj.style.display = "none";
24        buttonObj.value= "显示";
25      }
26    }
27  --> </script>
28  <style>
```

```
29      #myButton {
30        background-color:darkBlue; border:1px outset;color:white;
31      }
32      #titleBar {
33        display:none;
34      }
35    </style>
36    <-- 以下是 HTML 内容 -->
37    <h1 id="titleBar">这是一个测试标题</h1>
38    <div style="margin-top:10px;">
39      <input id="myButton" type="button" value=" 显示 " onclick="display();" onmouseover="changeButton(1)" onmouseout="changeButton(0)">
40    </div>
```

- 示例中第 1~27 行为 JavaScript 程序，第 28~35 行为网页样式定义，对于标题区域，其 display 属性值是 none，因此，初始状态网页中没有显示标题内容。
- 第 39 行的 HTML 语句中，通过 onmouseover 和 onmouseout 事件调用了 changeButton() 函数，通过 onclick 事件调用了 display() 函数。
- 第 2~14 行的 changeButton() 函数中，首先通过 flag 参数确定当前的按钮状态，然后进行改变背景色、文字色及光标等样式属性的设置。
- 第 15~26 行的 display() 函数中，首先通过第 18 行的语句判断当前标题栏是否显示，然后进行改变标题栏的显示状态及按钮上的文字内容的设置。

示例 7-16 如图 7-20 所示有两个单选钮，如果用户选择"正方形"项时，隐藏第二行"宽度"栏；如果用户选择"长方形"项时，显示第二行"宽度"栏。

目的：分别用 display 和 visibility 两种方法进行显示、隐藏设置。

图 7-20 用 display 和 visibility 属性控制网页内容的显示

程序文件名：ch7_16.htm。

```
1     <script language="JavaScript"><!--
2      function display() {
3       if (document.getElementById("type1").checked)
4         document.getElementById("width").style.display = "none";
5     //    document.getElementById("width").style.visibility = "hidden";
6       else
7         document.getElementById("width").style.display = "block";
8     //    document.getElementById("width").style.visibility = "visible";
9      }
10    --></script>
11    <body onload="display()">
12    <input type="radio" name="type" id="type1" checked onclick="display();">正方形
```

13	`<input type="radio" name="type" id="type2" onclick="display();">`长方形
14	`<div id="length">`长度`<input type="text"></div>`
15	`<div id="width">`宽度`<input type="text"></div>`
16	`<div id="color">`颜色`<input type="text"></div>`
17	`</body>`

- 本示例第 12 行的单选按钮中设置了事件 onclick,该事件调用了函数 display()。
- JavaScript 函数 display()通过判断单选钮是否被选择来设置第二行"宽度"栏是否被显示。
- 图 7-20 左图与中图是设置 display 属性的效果,对应于示例中第 4 行与第 7 行的程序内容;图 7-20 中图与右图是设置 visibility 属性的效果,对应于示例中第 7 行与第 10 行的注释行的程序内容。
- 从图 7-20 中可以看出使用 display 和 visibility 属性的不同效果。

第8章 JavaScript 其他常用窗口对象

本章主要内容：
- 屏幕（screen）对象
- 浏览器信息（navigator）对象
- 窗口（window）对象
- 历史（history）对象
- 网址（location）对象
- 框架（frame）对象

8.1 屏幕（screen）对象

屏幕对象是 JavaScript 运行时自动产生的对象，它实际上是独立于窗口对象的。屏幕对象主要包含了计算机屏幕的尺寸及颜色信息，如表 8-1 所示，因此，这些信息只能读取，不可以设置，使用时只要直接引用 screen 对象就可以了，即：

```
screen.属性
```

表 8-1　　　　　　　　　　　屏幕对象的常用属性

属　　性	意　　义
height	显示屏幕的高度
width	显示屏幕的宽度
availHeihgt	可用高度
availWidth	可用宽度
colorDepth	每像素中用于颜色的位数，其值为 1、4、8、15、16、24、32

表 8-1 中，availHeihgt（可用高度）指的是屏幕高度减去系统环境所需要的高度，如

对 Windows 系统，"可用高度"一般指的就是屏幕高度减去 Windows 任务栏的高度，如图 8-1 所示。

图 8-1　屏幕高度与可用高度

通过使用屏幕的可用高度和可用宽度，可以设置窗口对象的尺寸，如可以用 JavaScript 程序将网页窗口充满全屏幕，详见示例 8-2。

8.2　浏览器信息（navigator）对象

浏览器信息对象主要包含了浏览器及用户使用的计算机操作系统的有关信息，如表 8-2 所示，这些信息也只能读取，不可以设置，使用时只要直接引用 navigator 对象就可以了，即：

```
navigator.属性
```
例如，下述信息是在 Firefox 3.0 浏览器中得到的。
```
appVersion: 5.0 (Windows; en-US)
appCodeName: Mozilla
appName: Netscape
platform: Win32
userAgent: Mozilla/5.0 (Windows; U; Windows NT 5.1; en-US; rv:1.9.05) Gecko/2008120122 Firefox/3.0.5
language:en-US
```
又如，下述信息是在 Microsoft Internet Explorer 7.0 浏览器中得到的。
```
appVersion: 4.0 (compatible; MSIE 7.0; Windows NT 5.1; ; .NET CLR 1.1.4322; .NET CLR 2.0.50727)
appCodeName: Mozilla
appName: Microsoft Internet Explorer
```

```
platform: Win32
userAgent: Mozilla/4.0 (compatible; MSIE 6.0; Windows NT 5.1; .NET CLR 1.1.4322; .NET CLR 2.0.50727)
browserLanguage:en-us
systemlanguage:en-us
```

表 8-2　　　　　　　　　　　　浏览器信息对象的常用属性

属　性	意　义
appVersion	浏览器版本号
appCodeName	浏览器内码名称
appName	浏览器名称
platform	用户操作系统
userAgent	该字符串包含了浏览器的内码名称及版本号，它被包含在向服务器端请求的头字符串中，用于识别用户
language（除 IE 外） userLanguage（IE） systemLanguage（IE） browserLanguage（IE）	浏览器设置的语言 操作系统设置的语言 操作系统默认设置的语言 浏览器设置的语言

由于不同的浏览器其浏览器信息对象所提供的信息内容各不相同，因此，不应该仅仅依靠浏览器信息对象来识别用户所使用的浏览器，正确识别浏览器的方法详见"9.2 识别浏览器的方法"。

8.3　窗口（window）对象

窗口对象是浏览器网页的文档对象模型结构中的最高级的对象，如图 8-2 所示。只要网页的 HTML 标记中包含<body>或<frameset>标记，该网页就会包含一个窗口对象。

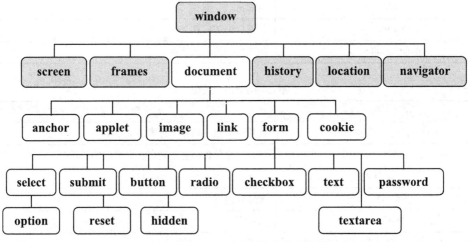

图 8-2　浏览器网页的文档对象模型结构图

8.3.1 窗口对象的常用属性和方法

窗口对象的常用属性和方法如表 8-3 和表 8-4 所示。由于不同的浏览器定义的窗口属性和方法差别较大,因此,这里仅列出各种浏览器最常用的窗口对象的属性和方法,对于不同浏览器所特有的属性和方法,应具体参考各浏览器所提供的参考手册。

窗口对象的属性和方法大致可分为以下 3 类:

(1)子对象类。例如,文档对象、历史对象、网址对象、屏幕对象、浏览器信息对象等,这一部分的内容都在本章的不同章节中进行介绍。

(2)窗口内容、位置及尺寸类。例如,新建窗口、多个窗口的控制、在窗口的状态栏中显示信息、滚动窗口的内容等。

(3)输入输出信息与动画。其中,动画控制的方法为 setInterval ()、setTimeout()、clearInterval ()、clearTimeout()等,详见"9.7 动画技术"。

表 8-3　　　　　　　　　　　　　窗口对象的常用属性

属　　性	意　　义
document	文档对象
frames	框架对象
screen	屏幕对象
navigator	浏览器信息对象
length	框架数组的长度
history	历史对象
location	网址对象
name	窗口名字
opener	打开当前窗口的窗口对象
parent	当前窗口的上一级窗口对象
self	当前窗口或框架
status	状态栏中的信息
defaultStatus	状态栏中的默认信息

表 8-4　　　　　　　　　　　　　窗口对象的常用方法

方　　法	意　　义
alert(信息字符串)	打开一个包含信息字符串的提示框
confirm(信息字符串)	打开一个包含信息、确定和取消钮的对话框
prompt(信息字符串,默认的用户输入信息)	打开一个用户可以输入信息的对话框
focus()	聚焦到窗口
blur()	离开窗口
open(网页地址,窗口名[,特性值])	打开窗口

续表

方　　法	意　　义
close()	关闭窗口
setInterval（函数，毫秒）	每隔指定毫秒时间执行调用一下函数
setTimeout（函数，毫秒）	指定毫秒时间后调用函数
clearInterval（id）	取消 setInterval 设置
clearTimeout（id）	取消 setTimeout 设置
scrollBy（水平像素值,垂直像素值）	窗口相对滚动设置的尺寸
scrollTo（水平像素点,垂直像素点）	窗口滚动到设置的位置
resizeBy（水平像素值,垂直像素值）	按设置的值相对地改变窗口尺寸
resizeTo（宽度像素值,高度像素值）	改变窗口尺寸至设置的值
moveBy（水平像素值,垂直像素值）	按设置的值相对地移动窗口
moveTo（水平像素点,垂直像素点）	将窗口移动到设置的位置

8.3.2　多窗口控制

1．新建窗口

通过窗口对象方法 window.open()可以在当前网页中弹出新的窗口，该方法的语法规则如下：

窗口对象 = window.open([网页地址, 窗口名, 窗口特性]);

其中，窗口名可以是有效的字符串或 HTML 保留的窗口名，如"_self"、"_top"、"_parent"及"_blank"等。窗口特性的格式为"特性名 1=特性值 1；特性名 2=特性值 2；…"的字符串，特性名及特性值选项如表 8-5 所示，图 8-3 所示为各特性名在浏览器中的分布。

表 8-5　　　　　　　　　　　　窗口特性及其值

特　性　名	意　　义	特　性　值
height	窗口高度	单位为像素
width	窗口宽度	单位为像素
top	窗口左上角至屏幕左上角的高度距离	单位为像素
left	窗口左上角至屏幕左上角的宽度距离	单位为像素
location	是否有网址栏	有:1；　没有:0；　默认为 1
menubar	是否有菜单栏	有:1；　没有:0；　默认为 1
scrollbar	是否有滚动条	有:1；　没有:0；　默认为 1
toolbar	是否有工具条	有:1；　没有:0；　默认为 1
status	是否有状态栏	有:1；　没有:0；　默认为 1
resizable	是否可改变窗口尺寸	可以:1；　不可以:0；　默认为 1

示例 8-1　通过单击当前网页上的链接，打开一个新窗口，在新的窗口中打开指定地址的网页，如图 8-3 所示。新窗口的宽度为 640 像素，高度为 280 像素，窗口左上角距屏幕左上角的高度与宽度距离分别为 100 像素和 200 像素。

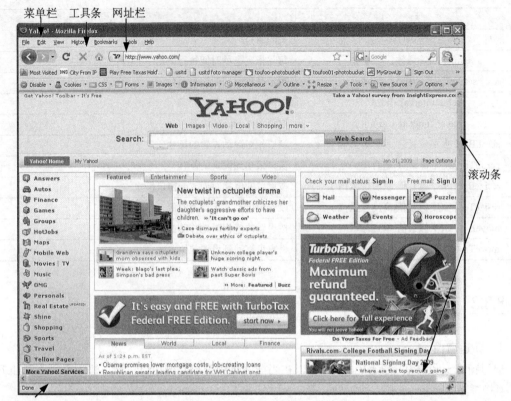

图 8-3　浏览器窗口各部分的名称

目的：学习使用窗口对象的属性和方法。

程序文件名：ch8_01.htm。

```
1   <script type="text/javascript"><!--
2     function winOpen(url, width, height , top , left) {
3       var attr = "width=" + width + ",height=" + height + ", location=1, menubar=1, scrollbars=1, toolbar=1, status=1, resizable=1 , top="+top+", left="+left;
4       var myWin = window.open(url,"testWindow",attr);
5       myWin.focus();
6     }
7   //--></script>
8   <!-- 以下是 HTML 内容 -- >
9    <a href = "javascript:winOpen('http://www.yahoo.com',640,280,100,200);">open it</a>
```

说明

- 该示例第 2～6 行为打开新窗口的函数，在这个函数中，用户可以设置新窗口网页的地址、宽度、高度及窗口左上角的位置等。该示例将所有窗口特性设置为 1，即在新窗口中显示所有的窗口特性。
- 第 7 行中使用了窗口聚焦的方法 focus()，使新打开的窗口处于屏幕的最上层而不被其他窗口覆盖。

2. 窗口的尺寸及位置

如果要设置新窗口的尺寸,即新窗口的宽度和高度,可以通过 window.open 语句中的特性 width (宽度)、height(高度)设置;如果要设置已有窗口的尺寸,可以通过窗口对象的 resizeTo()和 resizeBy()方法重新设置窗口的尺寸。

如果要设置新窗口的位置,可以通过 window.open 语句中的特性 top(窗口左上角与屏幕左上角的高度距离)、left(窗口左上角与屏幕左上角的宽度距离)设置;如果要设置已有窗口的位置,可以通过窗口对象的 moveTo()方法重新设置窗口的位置。

如果要得到窗口的尺寸及位置,由于不同的浏览器对于窗口的尺寸及位置属性各不相同,因此没有一个统一的方法得到窗口的尺寸及位置。例如,对于 Firefox 浏览器,可以使用 outerHeight 和 outerWidth 属性来得到窗口的尺寸,使用 innerHeight 和 innerWidth 属性来得到窗口中网页显示区域的尺寸;而对于 Internet Explorer 浏览器,则可以通过其文档对象中的 document.body.clientHeight 和 document.body.clientWidth 属性来得到窗口中网页显示区域的尺寸。

示例 8-2 通过单击当前网页上的链接,首先将当前窗口充满全屏幕,然后打开一个新窗口,在新的窗口中打开指定地址的网页,新窗口的宽度为 640 像素,高度为 280 像素,并将新窗口移动到屏幕的中心,如图 8-4 所示。

目的:使用窗口 self 属性及窗口/屏幕的尺寸、位置的属性和方法。

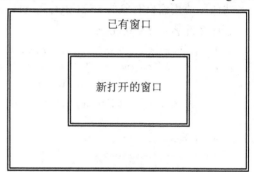

图 8-4 示例 8-3 的网页效果

程序文件名:ch8_02.htm。

```
1   <script type="text/javascript"><!--
2     function winOpen(url, width, height) {
3       // 设置主窗口
4       var screenWidth = screen.availWidth;
5       var screenHeight = screen.availHeight;
6       var left = 0.5 * (screenWidth-width);
7       var top = 0.5 * (screenHeight-height);
8       window.self.resizeTo(screenWidth,screenHeight);
9       window.self.moveTo(0,0);
10      // 设置新窗口
11      var attr = "location=1, menubar=1, scrollbars=1, toolbar=1, status=1, resizable=1";
12      var myWin = window.open(url,"testWindow");
13      myWin.resizeTo(width,height);
14      myWin.moveTo(left,top);
15      myWin.focus();
16    }
17  //--></script>
18  <!-- 以下是 HTML 内容 -->
19  <a href="javascript: winOpen('http://www.yahoo.com',640,480);">open it</a>
```

- 本示例只要修改程序中的 winOpen()函数就可以了。
- 第 3~9 行处理当前窗口，首先通过第 4 行和第 5 行计算出屏幕的尺寸，然后计算出新窗口左上角的位置，再使用表示当前窗口的 self 对象将当前窗口放大至全屏幕的尺寸，并移动到屏幕的左上角（0,0）处。
- 第 10~15 行处理新打开的窗口，同样使用 resizeTo()和 moveTo()的窗口方法改变窗口的尺寸与位置。

3．滚动网页

使用窗口对象的方法 scrollTo()和 scrollBy()可以"移动"网页的内容到指定的坐标位置，如果与动画方法 setTimeout()一起使用，可以得到真正的"滚动"网页的效果。

示例 8-3 让网页自动地滚动起来。

目的：使用窗口对象的 scrollBy()及 setTimeout()等方法。

程序文件名：ch8_03.htm。

```
1  <script type="text/javascript"><!--
2  function myScroll() {
3    window.scrollBy(0,100);
4    setTimeout('myScroll()',1000); // 每1s滚动一下
5  }
6  myScroll();
7  //--></script>
8      <!-- 很长的网页内容 -->
9      …
```

- 示例中第 2~5 行是进行自动滚动网页的函数，它让网页每 1s 向下滚动 100 像素，从而达到自动滚动的效果。第 6 行为第一次使用该函数的语句。

4．状态栏内容

使用窗口对象的 status（状态）属性可以在浏览器窗口的状态栏中显示各种字符串，其语法规则如下：

```
window.status
```

但是，新版本的浏览器为了用户的安全性，默认状态下是不允许网页修改状态栏的内容的，除非用户修改了浏览器的选项，允许网页中的 JavaScript 修改状态栏的内容。

5．窗口之间的控制及关闭窗口

当打开多个窗口时，可以通过窗口对象的"相对"属性，如 opener（打开者）、parent（上一级），或窗口名称进行窗口之间的控制。

使用窗口对象的 close()方法可以进行关闭窗口的操作。值得注意的是，对于使用窗口对象的 open()方法打开的窗口，可以无条件地通过 close()方法进行关闭；对于不是使用窗口对象的 open()方法打开的窗口，有些浏览器不允许使用 close()方法进行关闭，有的则会出现确认窗口后才会关闭。

示例 8-4 从当前窗口中打开一个新窗口，并将两个窗口并列在屏幕上，如图 8-5 所示，然后进行下述操作。

图 8-5 打开子窗口后

- 在主窗口中控制子窗口文本框中的内容,如图 8-6 所示。如果在主窗口的文本框中输入文字后单击"改变子窗口中的文本框内容"按钮,子窗口中的文本框就会自动显示该内容。

图 8-6 在主窗口中输入内容并单击"改变子窗口……"按钮后

- 在子窗口中控制主窗口中的单选钮,如图 8-7 所示。如果在子窗口中单击"不允许主窗口控制"按钮,主窗口中就会自动选择"不允许改变子窗口的内容"单选钮,这时主窗口中的"改变子窗口中的文本框内容"按钮就会失效。

图 8-7 在子窗口中单击"不允许……"按钮后

- 在主窗口中可以同时关闭子窗口和主窗口;在子窗口中关闭自己。

目的:使用窗口对象的 opener、parent 等属性及 open()、close()等方法。

程序文件名:ch8_04.htm。

主窗口程序 main.htm:

```
1  <script type="text/javascript"><!--
2    var myWin;
3    function winOpen(url) {
4      var screenWidth = screen.availWidth;
5      var screenHeight = screen.availHeight;
6      window.self.resizeTo(0.5*screenWidth,screenHeight);
7      window.self.moveTo(0,0);
8      var attr = "location=1, menubar=1, scrollbars=1, toolbar=1, status=1, resizable=1";
9      myWin = window.open(url,"testWindow");
10     myWin.resizeTo(0.5*screenWidth,screenHeight);
```

```
11        myWin.moveTo(0.5*screenWidth,0);
12        myWin.focus();
13      }
14      // 控制子窗口
15      function controlSubWindow() {
16       myWin.document.forms[0].subText.value = document.forms[0].mainText.value;
17      }
18      // 不允许控制子窗口
19      function disableControl() {
20        document.forms[0].mainButton.disabled=true;
21      }
22  //--></script>
23  <!-- 以下是HTML的内容 -->
24  <form>
25    主窗口:<input type="button" value="打开子窗口" onclick="winOpen('new.htm');"><br>
26     <hr>
27  <!-- 控制子窗口的按钮    -->
28     <input type="radio" name="rdoControl" checked>
29     <input type="text" name="mainText">
30     <input type="button" name="mainButton" value="改变子窗口中的文本框内容" onclick="controlSubWindow();">
31     <br>
32  <!-- 不允许控制子窗口的按钮    -->
33     <input type="radio" name="rdoControl" onclick="disableControl();">//不允许改变子窗口的内容
34     <br>
35     <input type="button" value="关闭主窗口和子窗口" onclick=" myWin.close(); self.close();">
36  </form>
```

子窗口程序 new.htm：

```
1   <html>
2   <body >
3   <form>
4    子窗口
5     <hr>
6    <input type="text" name="subText">
7    <input type="button" value="不允许主窗口控制" onclick="opener.document.forms[0].rdoControl[1].click();"><br>
8    <input type="button" value="关闭子窗口" onclick="self.close();"><br>
9   </form>
10  <body>
11  </html>
```

- 程序 main.htm 中第 3~13 行的 winOpen()函数与示例 8-2 中的 winOpen()函数完全一样，不同的是在第 2 行中将 myWin 定义为全局变量，这样可以被所有其他函数调用。
- 按钮"改变子窗口中的文本框内容"的事件 onclick 调用的是第 14~17 行的控制子窗口的函数。
- 按钮"关闭主窗口和子窗口"的事件 onclick 直接使用了两句 JavaScript 语句，其中 self.close()语句只有在 Microsoft 的 Internet Explorer 浏览器中才有效，因为该窗口不是由 window.open()产生的窗口。
- 程序 new.htm 中按钮"不允许主窗口控制"的事件 onclick 也是直接使用了 JavaScript 语句来模拟单击主窗口中的单选钮。

8.3.3 输入输出信息

JavaScript 向用户输入输出信息的方法主要有下述 3 种：

（1）窗口对象的 alert 语句。它将信息放在对话框中，如图 8-8 所示，主要用于输出各种信息。例如，校验用户输入值失败时的提示信息，调试 JavaScript 程序时的中间调试信息等。其语法规则如下：

```
window.alert(提示信息字符串);
```

或：

```
alert(提示信息字符串);
```

如果要在信息中换行，可使用特殊字符"\n"。例如，下述 JavaScript 语句将会得到如图 8-9 左图所示的效果。

```
var s = "用户名输入无效\n";
s += "密码输入无效";
alert(s);
```

同样，可以使用特殊字符"\t"输出表格式对齐的信息。例如，下述 JavaScript 语句将会得到如图 8-9 右图所示的效果。

```
    var s = "姓名\t职业\t年龄\n";
s += "张三\t工人\t26\n";
    s += "李四\t干部\t39\n";
    s += "王小二\t退休\t66";
    alert(s);
```

图 8-8　alert 信息框

图 8-9　使用特殊字符输出提示信息

（2）窗口对象的 confirm 语句。它除了输出信息外，还要求用户选择"OK（确定）"按钮或"Cancel（取消）"按钮，JavaScript 程序就可以根据用户的回答决定程序的执行内容。其语法规则如下：

```
window.confirm(提示信息字符串);
```

或：

```
confirm(提示信息字符串);
```

例如，下述 JavaScript 语句将得到如图 8-10 所示的效果。

```
var answer = confirm("是否继续执行？");
if (answer)
    alert("正在执行...");
else
    alert("停止执行");
```

（3）窗口对象的 prompt 语句。它用于要求输入信息内容。其语法规则如下：

```
window.prompt(提示信息字符串,默认输入值);
```

或：

```
prompt(提示信息字符串,默认输入值);
```

例如，下述 JavaScript 语句将得到如图 8-11 所示的效果。

```
var s = prompt("请输入用户名：","张三");
```

图 8-10　窗口对象的确认语句

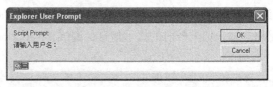

图 8-11　窗口对象的要求用户输入内容的对话框

8.4　网址（location）对象

网址对象是窗口对象中的子对象，如图 8-2 所示。它包含了窗口对象的网页地址内容，即 URL。网址对象既可以作为窗口对象中的一个属性直接赋值或提取值，也可以通过网址对象的属性分别赋值或提取值。使用网址对象的语法规则如下。

当前窗口：

```
window.location             或  location
window.location.属性         或  location.属性
window.location.方法         或  location.方法
```

指定窗口：

```
窗口对象.location
窗口对象.location.属性
窗口对象.location.方法
```

8.4.1　网址对象的常用属性和方法

表 8-6 和表 8-7 分别列出了网址对象的常用属性和方法。其中，网址对象常用属性表中示例的 URL 假设为：

```
http://67.85.238.132:18/cbx/essay.jsp?username=admin&group=grp1#blue
```

表 8-6　　　　　　　　　　　　　网址对象的常用属性

属性	意义	示例
href	整个 URL 字符串	http://67.85.238.132:18/cbx/essay.jsp?username=admin&group=grp1#blue
protocol	URL 中从开始至冒号（包括冒号）表示通信协议的字符串	http:
hostname	URL 中的服务器名、域名、子域名或 IP 地址	67.85.238.132
port	URL 中的端口名	18
host	URL 中的 hostname 和 port 部分	67.85.238.132:18
pathname	URL 中的文件名或路径名	/cbx/essay.jsp
hash	URL 中由#开始的锚点名称	#blue
search	URL 中从问号开始至结束的表示变量的字符串	?username=admin&group=grp1#blue

表 8-7　　　　　　　　　　　　　网址对象的常用方法

属性	意义
reload([是否从服务器端刷新])	刷新当前网页，其中"是否从服务器端刷新"的值是 true 或 false
replace(URL)	用 URL 网址刷新当前的网页

从网址对象常用属性表中可以看出，href 属性包含了全部 URL 字符串，而其他属性则是 URL 中的某一部分字符串。因此，如果按下述程序设置网址：

```
localtion = "http://www.yahoo.com";
```

等效于：

```
localtion.href = "http://www.yahoo.com";
```

8.4.2　网址对象的应用实例

示例 8-5　如图 8-12 所示，使用 3 种方法改变当前网页的网址。
- window.open()的方法。
- location.href 的方法。
- location.replace()的方法

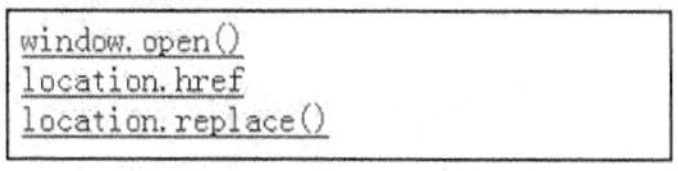

图 8-12　示例 8-5 的网页效果

目的：使用网址对象和窗口对象的属性及方法。
程序文件名：ch8_05.htm。

1	`<!-- 方法一: window.open()的方法 -->`
2	`<a href="javascript:window.open('http://www.yahoo.com','_self');">window.open()</a> `
3	`<!-- 方法二: 赋值 location.href 属性的方法 -->`
4	`<a href="javascript:location.href='http://www.yahoo.com'">location.href</a> `
5	`<!-- 方法三: 赋值 location.replace()属性的方法 -->`
6	`<a href="javascript:location.replace('http://www.yahoo.com')">location.replace()</a> `

- 该示例使用 3 种不同的方法改变了当前网页的地址,从而改变了网页内容。这 3 种方法得到的网页效果是相同的,它们有什么区别呢？详见"8.5.2 历史记录对象的应用实例"。

8.5 历史记录（history）对象

历史记录对象是窗口对象下的一个子对象,如图 8-2 所示。它实际上是一个对象数组,包含了一系列的用户访问过的 URL 地址,用于浏览器工具栏中的"Back to …（后退）"和"Forward to …（前进）"按钮,如图 8-13 所示的左边两个按钮。使用历史对象的语法规则如下。

图 8-13　浏览器工具栏中的后退按钮和前进按钮

当前窗口：

```
window.history.属性  或  history.属性
window.history.方法 或   history.方法
```

指定窗口：

```
指定窗口.history.属性
指定窗口.history.方法
```

8.5.1　历史对象的常用属性和方法

历史对象最常用的属性是 length（历史对象长度）,它就是浏览器历史列表中访问过的地址个数。例如,图 8-14 左图所示为浏览器中历史地址列表,如果在当前网页的"历史对象的个数"链接中要求显示历史对象的个数,即：

```
alert(history.length);
```

单击该链接时就会得到如图 8-14 右图所示的效果。

图 8-14　历史对象的长度

历史对象的常用方法如表 8-8 所示,其中 back()和 forward()分别对应的是浏览器工具栏中的前进、后退按钮,通过方法 go()可以改变当前网页至曾经访问过的任何一个网页。因此,history.back()与 history.go(-1)等效, history.forward()与 history.go(1)等效。

值得注意的是,如果 go()中的参数 n 超过了历史列表中的网址个数,或者 go()中的参数"网址"不在浏览器的历史列表中,这时不会出现任何错误,只是当前网页没有发生变化。

表 8-8　　　　　　　　　　　　历史对象的常用方法

方　法	意　义
back()	显示浏览器的历史列表中后退一个网址的网页
forward()	显示浏览器的历史列表中前进一个网址的网页
go(n)或 go（网址）	显示浏览器的历史列表中第 n 个网址的网页，n>0 表示前进，反之，n<0 表示后退。或显示浏览器的历史列表中对应的"网址"网页

8.5.2　历史对象的应用实例

1．使当前的链接不写入历史列表中

在示例 8-5 中曾经使用了 3 种方法改变当前网页的网址，如果再次运行该示例，每次单击完一个方法的链接后，检查浏览器的历史列表，我们会发现，只有 window.open()的方法和 location.href 的方法会写入浏览器的历史列表，而 location.replace()的方法不会写入浏览器的历史列表。

2．使浏览器的后退按钮失效

JavaScript 没有提供任何方法可以阻止用户单击浏览器的后退按钮，但是，可以通过 history.forward()的方法使浏览器的后退按钮失效，详见示例 8-6。

示例 8-6　网页中有一个显示 Yahoo 网页的链接，如图 8-15 左图所示，单击该链接后将显示 Yahoo 网页。这时，单击浏览器的后退按钮，或单击历史列表中的网页地址，如图 8-15 右图所示，当前页仍然显示 Yahoo 网页而不能回到上一个网页。

目的：使用历史对象的方法。

程序文件名：ch8_06.htm。

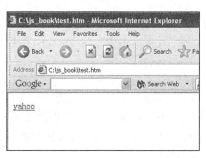

图 8-15　示例 8-6 的网页效果

```
1    <html>
2    <body onload="history.forward()">
3    <a href="http://www.yahoo.com">yahoo</a>
4    </body>
5    </html>
```

- 该示例中由于在<body>标记中的 onload 事件调用了历史对象的 forward()方法，因此，只要装载该网页，它就会显示前进一个网址的网页，好像浏览器的后退按钮失效了一样。

3. 显示历史列表中的第一个网址的网页

示例 8-7 显示历史列表中的第一个网址的网页。

目的：使用历史对象的属性和方法。

程序文件名：ch8_07.htm。

```
1   <html>
2   <body>
3   <a href="javascript:history.go(1-history.length)">历史列表中的第一个网址</a>
4   </body>
5   </html>
```

- 该示例中的链接总是指向历史列表中的第一个网址，因为它通过（1-history.length）计算出历史列表中的第一个网址项。

8.6 框架（frame）对象

8.6.1 框架对象的常用属性和方法

框架对象是由 HTML 中的<frame>标记产生的，它实际上就是窗口下独立的一个窗口，因此，它具有与窗口对象几乎相同的属性和方法，与真正的窗口对象不同的是，它总是与上一级的窗口对象在同一个浏览器的窗口中。例如，要引用框架对象中的窗体元素时的语法规则如下：

窗口对象.框架对象.文档对象.窗体对象.窗体对象元素

那么，在多框架对象中，要从一个框架对象中引用另一个框架中的窗体元素时，就可以使用窗口对象中的关系属性 parent。

parent.另一框架对象.文档对象.窗体对象.窗体对象元素

同样，可以使用上述方法从一个框架对象中引用另一个框架中的 JavaScript 函数或全局变量，即：

parent.另一框架对象.JavaScript 函数名
parent.另一框架对象.JavaScript 全局变量名

对于不同的浏览器，还会有不同的框架对象。例如，对于 IE 浏览器，还提供了 HTML 标记为<iframe>的嵌入式框架对象，它与<frame>框架对象的区别在于，<frame>框架对象只能是上下分布或水平分布，而<iframe>则可以嵌入在网页的任何位置。

框架对象的常用属性与方法详见表 8-3 及表 8-4 中的窗口对象的属性与方法，对于一些特殊的属性和方法，请参见各种浏览器提供的参考手册。

8.6.2 框架对象的应用实例

1. 在一个框架对象中控制另一个框架对象

示例 8-8 从一个框架中输入网页地址，然后在另一个框架中打开该地址，如图 8-16 所示。

目的：使用窗口对象和框架对象的属性及方法。

第 8 章 JavaScript 其他常用窗口对象

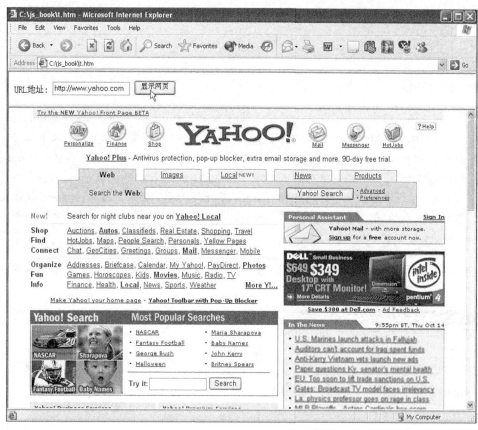

图 8-16 示例 8-8 的网页效果

框架组程序 frameSet.htm：

```
1   <html>
2   <frameset rows="10%,90%">
3     <frame src="frame1.htm" name="frame1">
4     <frame src="frame2.htm" name="frame2">
5   </frameset>
6   </html>
```

上部框架程序 frame1.htm：

```
1   <html><head>
2   <script type="text/javascript"><!--
3   function openInFrame() {
4       parent.frame2.location.href = window.document.forms[0]. txtUrl.value;
5   }
6   //--></script></head>
7   <body>
8     <form>
9       URL 地址：<input type="text" name="txtUrl">
10      <input type="button" value="显示网页" onClick="openInFrame();">
11    </form>
12  </body>
13  </html>
```

191

下部框架程序 frame2.htm：

```
1    <html>
2    <body>
3    </body>
4    </html>
```

- 框架组文件定义了两个框架，文件名分别是 frame1.htm 和 frame2.htm。
- frame2.htm 是一个空的 HTML 文件。frame1.htm 中包含了一个文本框和一个按钮，按钮的 onclick 事件调用了 openInFrame()函数，该函数通过使用 parent.frame2.location.href 将当前文本框中的用户输入值作为 frame2.htm 的网址。
- 值得注意的是，frame1 与 frame2 是并列的两个框架，因此，parent 就是框架组文件表示的窗口，通过 parent.frame2 就会从当前框架（frame1）转换到另一个框架（frame2）。

示例 8-9 在示例 8-8 的上部框架中添加一个"清空网页"按钮，单击它后清空下部框架内容，如图 8-17 所示。

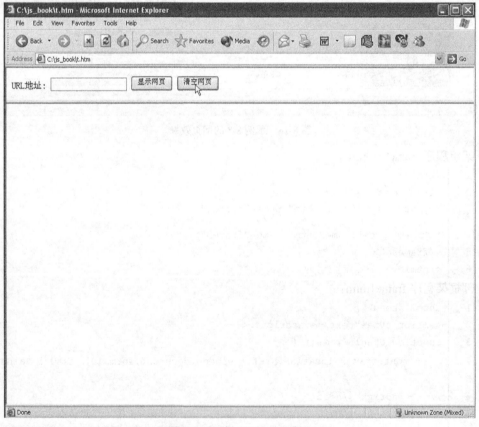

图 8-17 示例 8-9 的网页效果

目的：窗口对象和框架对象属性及方法的使用，空网页地址的表示方法。
框架组程序与下部框架程序与示例 8-10 中的一样，上部框架程序修改为：

```
1    <html>
2    <script type="text/javascript"><!--
```

```
3      function openInFrame() {
4        parent.frame2.location.href = window.document.forms[0].txtUrl.value;
5      }
6      function clearFrame() {
7        parent.frame2.location.href = "about:blank";
8      }
9    //--></script>
10   <body>
11     <form>
12       URL 地址: <input type="text" name="txtUrl">
13       <input type="button" value="显示网页" onClick="openInFrame();">
14       <input type="button" value="清空网页" onClick="clearFrame();">
15     </form>
16   </body>
17   </html>
```

- HTML 窗体中添加了一个按钮，其 onClick 事件调用函数 clearFrame()。
- JavaScript 函数 clearFrame()与 openInFrame()等号左侧都是一样的，都是要改变下部框架网页的地址，对于清空网页，只要用"about:blank"就可以了。

示例 8-10　在示例 8-9 的上部框架中再添加一个"向网页写文字"按钮，单击它后在下部框架中输出新的网页内容，如图 8-18 所示。

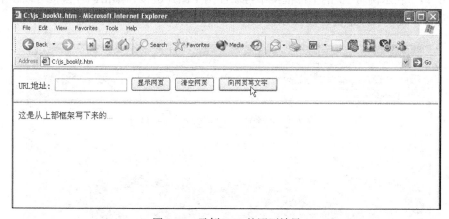

图 8-18　示例 8-10 的网页效果

目的：使用窗口对象和框架对象的属性及方法，使用文档对象的 open()、close()方法输出新的网页内容。

框架组程序与下部框架程序与示例 8-8 中的一样，上部框架程序修改为：

```
1    <html>
2    <script type="text/javascript"><!--
3      function openInFrame() {
4        parent.frame2.location.href = window.document.forms[0].txtUrl.value;
5      }
6      function clearFrame() {
7        parent.frame2.location.href = "about:blank";
8      }
```

```
9      function writeFrame() {
10       parent.frame2.document.open();
11       parent.frame2.document.write('这是从上部框架写下来的...');
12       parent.frame2.document.close();
13     }
14   //--></script>
15   <body>
16     <form>
17       URL 地址：<input type="text" name="txtUrl">
18       <input type="button" value="显示网页" onClick="openInFrame();">
19       <input type="button" value="清空网页" onClick="clearFrame();">
20       <input type="button" value="向网页写文字" onClick="writeFrame();">
21     </form>
22   </body>
23   </html>
```

- HTML 窗体中又添加了一个按钮，其 onClick 事件调用函数 writeFrame()。
- JavaScript 函数 writeFrame()与前面的两个函数不同，它通过文档对象的 write() 方法更新网页的内容。值得注意的是，在使用文档对象的 write()方法前应该使用 open() 方法，在结束新的网页内容之后应该使用 close()方法。

示例 8-11 在示例 8-10 的上部框架中再添加两个图片链接，单击图片链接可以在下部框架中显示其大图片的效果，如图 8-19 所示。

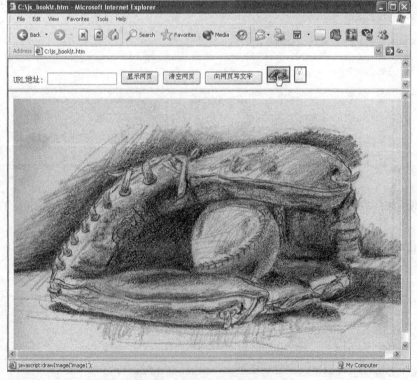

图 8-19　示例 8-11 的网页效果

目的：使用窗口对象和框架对象的属性及方法，使用文档对象的 open()、close()方法输出图像对象。
框架组程序与下部框架程序与示例 8-8 中的一样，上部框架程序修改为：

```
1   <html>
2   <script type="text/javascript"><!--
3     function openInFrame() {
4       parent.frame2.location.href = window.document.forms[0].txtUrl.value;
5     }
6     function clearFrame() {
7       parent.frame2.location.href = "about:blank";
8     }
9     function writeFrame() {
10      parent.frame2.document.open();
11      parent.frame2.document.write('这是从上部框架写下来的...');
12      parent.frame2.document.close();
13    }
14    function drawImage(imgName) {
15      var s = document.images[imgName].src;
16      parent.frame2.document.open();
17      parent.frame2.document.write('<img src="'+s+'">');
18      parent.frame2.document.close();
19    }
20  //--></script>
21  <body>
22    <form>
23      URL 地址: <input type="text" name="txtUrl">
24      <input type="button" value="显示网页" onClick="openInFrame();">
25      <input type="button" value="清空网页" onClick="clearFrame();">
26      <input type="button" value="向网页写文字" onClick="writeFrame();">
27      <a href="javascript:drawImage('image1');"><img src="images/base-ball.jpg" height="28" name="image1"></a>
28      <a href="javascript:drawImage('image2');"><img src="images/bear.jpg" height="28" name="image2"></a>
29    </form>
30  </body>
31  </html>
```

• HTML 窗体中又添加了两个图片链接，其链接中调用了 JavaScript 的 drawImage()函数，其参数是图像文件名。

• 函数 drawImage()与 writeFrame()相似，通过 document.open()、document.write() 和 document.close()等方法向另一个框架输出内容。

2．控制框架的尺寸

示例 8-12 在示例 8-11 的上部框架中再添加两个按钮："全充满"按钮和"还原"按钮。单击"全充满"按钮后，上部框架将充满全窗口，如图 8-20 所示；单击"还原"按钮后，将还原成原来的框架分布。

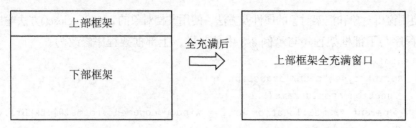

图 8-20　示例 8-12 的网页效果

目的：控制框架的尺寸。

框架组程序与下部框架程序与示例 8-8 中的一样，按下述步骤修改示例 8-11 中的上部框架程序。

在第 29 行前插入：

```
<input type="button" value="全充满" onClick="resizeFrame(1);">
<input type="button" value="还原" onClick="resizeFrame(0);">
```

在第 20 行前插入：

```
function resizeFrame(flag) {
  if (flag==1)
    parent.document.body.rows="100%,*";
  else
    parent.document.body.rows="10%,*";
}
```

 • 控制框架尺寸的语法规则如下所示，其中"尺寸字符串"既可以用百分数表示，也可以用像素值表示，与 HTML 的 <frame> 标记中的规则一样。

上下框架：框架组窗口对象.document.body.rows = 尺寸字符串；
左右框架：框架组窗口对象.document.body.cols = 尺寸字符串；

3. 使用隐含框架

如示例 8-12 所示，当上部框架充满全窗口时，下部框架实际上依然存在，照样可以通过前面使用过的各种方法得到下部框架中的网页内容，这时的下部框架就叫做"隐含框架"。

隐含框架的功用有很多，最常用的是与动态网页联合使用，为了不使当前网页刷新而将当前网页的状态通过隐含框架发送到服务器端。

示例 8-13　图 8-21 所示为一个要求用户输入大量信息的窗体，其中下拉菜单中的选项将

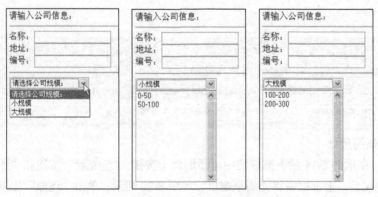

图 8-21　示例 8-13 的网页效果

对应两个不同的选项列表,因此,每当用户选则了下拉列表项后都要到服务器端得到其对应的选项列表内容。为了避免频繁地刷新屏幕,使用隐含框架将信息送至服务器端,然后通过 JavaScript 程序显示列表的内容。

目的:使用隐含框架。

首先在示例 8-10 程序的基础上修改上部框架程序 frame1.htm。

- 第 15~28 行为 HTML 部分的公司信息窗体,其中下拉列表名为"filter",其下方用<div></div>标记表示详细列表区域,并设置其 id 为"displayDetail"。
- 第 3~8 行为 JavaScript 的 resizeFrame()函数,用于<body>标记中的 onload 事件,其效果是,当装载该网页时调整上部框架为全窗口,下部框架为隐含框架。
- 第 9~11 行为 JavaScript 的 changeList()函数,用于下拉列表的 onchange 事件,第 10 行的程序用于改变下部框架网页的地址,在地址中将用户选择的下拉列表项的值作为参数传递给服务器。本示例没有使用动态网页文件作为下部框架网页的地址,只是以静态网页文件 frame2.htm 作为示范,例如,当用户在公司类型列表中选择了"小规模"项时,下部框架的网址就是 frame2.htm?type=small。

上部框架程序 frame1.htm 修改为

```
1   <html>
2   <script type="text/javascript"><!--
3     function resizeFrame(flag) {
4       if (flag==1)
5         parent.document.body.rows="100%,*";
6       else
7         parent.document.body.rows="10%,*";
8     }
9     function changeList() {
10      parent.frame2.document.location.href      =      "frame2.htm?type=" + document.forms[0].filter.value;
11    }
12
13  //--></script>
14  <body onload="resizeFrame(1);">
15    <form>
16      请输入公司信息:<br>
17      <hr>
18      名称:<input type="text"> <br>
19      地址:<input type="text"> <br>
20      编号:<input type="text"> <br>
21      <hr>
22      <select name="filter" onchange="changeList()" style="width:150px;">
23        <option value="0">请选择公司规模:</option>
24        <option value="small">小规模</option>
25        <option value="large">大规模</option>
26      </select><br>
```

```
27          <div id="displayDetail"></div>
28        </form>
29      </body>
30    </html>
```

下面修改示例 8-8 中的下部框架程序 frame2.htm,在实际的应用中该程序应该由动态网页产生,即从服务器端查询数据库将结果返回给该网页,这里仅用静态网页的方法模拟返回的数据。

下部框架程序 frame2.htm 修改为

```
1     <script type="text/javascript"><!--
2       var aLine = "";
3       if (location.search.indexOf('small')>-1) {
4         aLine += '<select name="detail" id="detail" size="10" style="width:150px;">';
5         aLine += '<option value="0">0-50</option>';
6         aLine += '<option value="1">50-100</option>';
7         aLine += '</select>';
8       }
9       else if (location.search.indexOf('large')>-1) {
10        aLine += '<select name="detail" id="detail" size="10" style="width:150px;">';
11        aLine += '<option value="0">100-200</option>';
12        aLine += '<option value="1">200-300</option>';
13        aLine += '</select>';
14      }
15      parent.frame1.document.getElementById('displayDetail').innerHTML = aLine;
16    //--></script>
```

- 该程序是用 JavaScript 直接输出 HTML 内容,其中第 3～14 行是通过条件判断,根据网页地址中得到的公司类型内容来组织需要赋值列表标记字符串变量 aLine。
- 第 15 行是动态地更新上部框架内容的关键语句,这里使用了文档对象的 getElementById()方法和 innerHTML 属性。它的功能是在网页上刷新指定 id 区域中的 HTML 内容,本示例中就是刷新上部框架网页 frame1.htm 中的<div id="displayDetail"></div>中的 HTML 内容。

第9章 JavaScript 实用技巧

本章主要内容：
- ❏ 建立函数库
- ❏ 识别浏览器
- ❏ 验证用户输入
- ❏ 弹出窗口
- ❏ 下拉菜单
- ❏ 事件冒泡处理
- ❏ 动画技术

9.1 建立函数库

在实际的网页设计与制作过程中，往往会重复地应用一些 JavaScript 函数，一般应将这些常用的函数集中在一起，放在一个外置的 JavaScript 文件中作为网页制作的 JavaScript 函数库。函数库中的函数一般可以分为下面几种类型：

- 用于简化程序的函数（如示例 9-1）；
- 用于校验用户输入的函数（如示例 9-2 和示例 9-3）；
- 用于取值与设置值的函数（如示例 9-4）；
- 用于字符串处理的函数（如示例 9-5）；
- 用于列表处理的函数（如示例 9-6、示例 9-7、示例 9-8 和示例 9-9）；
- 用于网页元素显示的函数（如示例 9-10）。

下面示例列出了一些常用的 JavaScript 函数及其应用。

示例 9-1　根据元素 id 得到元素对象的 getObj()函数及其应用。
程序文件名：ch9_01.htm。

```
1   function getObj(id) {
2       return document.getElementById(id);
3   }
4   <!-- 应用getObj()函数,以下是HTML内容,网页显示后将得到admin -->
5   <body onload="alert(getObj('username').value)">
6     <input type="text" id="username" value="admin">
7   </body>
```

示例 9-2 判断是否是空字符串的函数 isEmptyString ()及其应用。

程序文件名:ch9_02.htm。

```
1   function isEmptyString(s) {
2     if (trim(s).length==0) return true;  // trim()函数详见示例6-7
3     else return false;
4   }
5   // 应用isEmptyString()函数
6   alert(isEmptyString(" "));          // 得到true
```

示例 9-3 判断用户是否设置了单选钮的函数 isCheckedRadio ()及其应用。值得注意的是,该函数中的第二个参数 radioName 是<input>标记中的名字,而不是 id。

程序文件名:ch9_03.htm。

```
1   function isCheckedRadio(formId,radioName) {
2    var f = getObj(formId);      // getObj()函数见示例9-1
3    for (var i=0; i<f.elements.length; i++) {
4      if (f.elements[i].name == radioName && f.elements[i].checked) return true;
5    }
6    return false;
7   }
8   function msg() {
9    if (isCheckedRadio('myForm', 'myRadio')) alert('选择了单选钮');
10   else alert('没有选择单选钮');
11  }
12  ...
13  <!-- 下面是在HTML中的语句 -->
14  <form id="myForm">
15   <input type="radio" name="myRadio" value="top">上
16   <input type="radio" name="myRadio" value="middle">中
17   <input type="radio" name="myRadio" value="bottom">下
18   <input type="button" value="Go" onclick=" msg()">
19  </form>
```

示例 9-4 返回选上了的单选钮值的函数 getRadio ()及其应用。

程序文件名:ch9_04.htm。

```
1   function getRadio(formId,radioName) {
2    f = getObj(formId); // getObj()函数见示例9-1
3    c = document.getElementsByName(radioName);
4    l = c.length;
```

```
5      for (var i=0; i<l; i++) {
6        if (c.item(i).checked) return c.item(i).value;
7      }
8      return "";
9    }
10   …
11   <!-- 下面是在 HTML 中的语句,显示网页后将得到"middle" -->
12   <body onload="alert(getRadio('myForm', 'myRadio'))">
13    <form id="myForm">
14     <input type="radio" name="myRadio" value="top">上
15     <input type="radio" name="myRadio" value="middle" checked>中
16     <input type="radio" name="myRadio" value="bottom">下
17    </form>
18   </body>
```

示例 9-5　替换字符串函数 replaceStr ()及其应用。

程序文件名:ch9_05.htm。

```
1    function replaceStr(inStr,oldStr,newStr) {
2      var ret = inStr;
3      while (ret.indexOf(oldStr)>-1) {
4          ret = ret.replace(oldStr,newStr);
5      }
6      return ret;
7    }
8    // 应用 replaceStr()函数
9    var s = "This is a book";
10   alert(replaceStr(s, "is","__"));   // 得到 Th__ __ a book
```

示例 9-6　将列表中的第 index 项选上的函数 setSelection ()及其应用。

程序文件名:ch9_06.htm。

```
1    function setSelection(listId,index) {
2      var lst = getObj(listId);    // getObj()函数见示例 9-1
3      var len = lst.options.length;
4      if (len>0 && index < len) {
5        for (var i=0; i<len; i++) {
6          lst.options[i].selected=false;
7        }
8        if (index>-1)
9          lst.options[index].selected=true;
10     }
11   }
12   <!-- 下面是 HTML 内容,网页显示后得到如图 9-1 所示的效果 -->
13   <body onload="setSelection('myList',1)">
14    <select id="myList" multiple>
15     <option value="0">item0</option>
16     <option value="1">item1</option>
17     <option value="2">item2</option>
```

```
18    </select>
19    </body>
```

图 9-1　示例 9-6 的网页效果

示例 9-7　将多选列表中的全部项选上的函数 setAllSelection ()及其应用。

程序文件名：ch9_07.htm。

```
1    function setAllSelection(alist) {
2     var lst = getObj(alist);     // getObj()函数见示例 9 - 1
3     var len = lst.options.length;
4     for (var i=0;i<len; i++) {
5      lst.options[i].selected=true;
6     }
7    }
8    <!-- 下面是 HTML 内容，网页初始时如图 9 - 2 左图所示，单击 "全选" 按钮后得到如图 9-2 右图
     所示的效果 -->
9    <select id="myList" multiple  size="6">
10    <option value="0">白菜</option>
11    <option value="1">萝卜</option>
12    <option value="2">青椒</option>
13   </select>
14   <input type="button" value="全选" onclick = "setAllSelection('myList')">
```

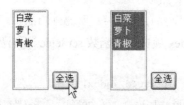

图 9-2　示例 9-7 的网页效果

示例 9-8　清除列表项函数 clearList ()及其应用。

程序文件名：ch9_08.htm。

```
1    function clearList(alist,isDummy) {
2     var lst = getObj(alist);     // getObj()函数见示例 9 - 1
3     var len = lst.options.length;
4     for (var i = (len-1); i >= 0; i--){
5      lst.options[i]= null;
6     }
7    }
8    <!-- 下面是 HTML 内容  -->
9    <select id="myList" multiple  size="6">
10    <option value="0">白菜</option>
11    <option value="1">萝卜</option>
```

```
12      <option value="2">青椒</option>
13    </select>
14    <input type="button" value="清除" onclick = " clearList ('myList')">
```

示例 9-9　排序列表函数 sortList ()及其应用。

程序文件名：ch9_9.htm。

```
1   function sortList(listId) {
2     var aList = new Array();
3     var aText = new Array();
4     var lst = getObj(listId); // getObj()函数见示例 9 - 1
5     for (var i=0;i<lst.length;i++) {
6       aList[i] = new listObj(lst.options[i].text,lst.options[i].value);
7       aText[i] = lst.options[i].text;
8     }
9     aText.sort();
10    clearList(listId);   //见示例 9-8
11    for (var i=0;i<aText.length;i++) {
12      lst.options[i]=new Option(aText[i],getValueByKey(aList,aText[i]));
13    }
14  }
15  function getValueByKey(aList,key) {
16    for (var i=0; i<aList.length; i++) {
17      if (aList[i].text == key) return aList[i].value;
18    }
19    return "";
20  }
21  function listObj(text,value) {
22    this.text = text;
23    this.value = value;
24  }
25  <!--下面是 HTML 内容，网页初始状态如图 9-3 左图所示，单击"排序"按钮后得到如图 9-3 右图所示的效果-->
26  <select id="myList" multiple size="6">
27   <option value="0">book</option>
28   <option value="1">pen</option>
29   <option value="2">pencil</option>
30   <option value="3">amount</option>
31   <option value="4">music</option>
32   <option value="5">basic</option>
33  </select>
34  <input type="button" value="排序" onclick="sortList('myList')">
```

图 9-3　示例 9-9 的网页效果

示例 9-10 切换显示、隐藏函数 toggleShow ()及其应用。

程序文件名：ch9_10.htm。

```
1   function show(id) {
2     getObj(id).style.display="block";  // getObj()函数见示例 9 - 1
3   }
4
5   function hide(id) {
6     getObj(id).style.display="none";
7   }
8
9   function toggleShow(id) {
10    if (getObj(id).style.display == "none")
11      show(id);
12    else
13      hide(id);
14  }
15  <!-- 下面是 HTML 内容，网页初始时如图 9 - 4 左图所示，选上复选钮"隐藏"后得到如图 9-4 右
    图所示的效果 -->
16  <input type="checkBox" onclick="toggleShow('content')">隐藏
17  <div id="content">这里放的是所要显示或隐藏的内容</div>
```

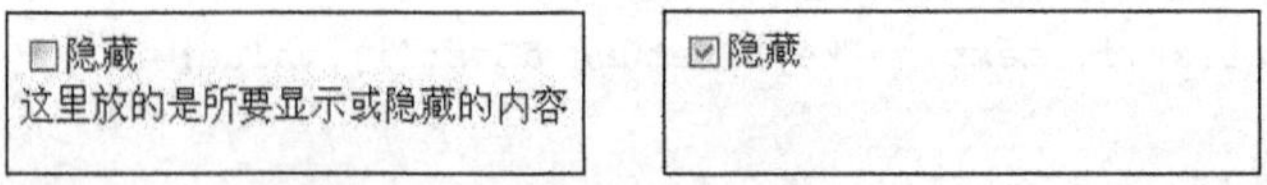

图 9-4 示例 9-10 的网页效果

9.2 识别浏览器的方法

由于不同的浏览器具有不同的文档对象模型的属性和方法，因此在 JavaScript 的开发过程中，首要的问题就是识别用户所使用的浏览器类型、版本等，以便区分哪些功能适用于用户的浏览器，哪些功能不适用于用户的浏览器。

识别浏览器一般可以通过浏览器信息对象的方法和浏览器功能识别的方法。由于识别浏览器的目的是为了将不同的 JavaScript 功能应用于用户的浏览器，因此，使用浏览器功能识别的方法更为直接和准确。

示例 9-11 就是综合地通过浏览器信息对象和浏览器功能识别的方法识别出 Firefox 浏览器和 IE 浏览器，然后将不同的外部网页样式文件应用于当前网页中。

示例 9-11 根据不同的浏览器应用不同的外部网页样式文件。

程序文件名：ch9_11.htm。

```
1   <script type="text/javascript"> <!--
2   var browser   = '';
3   // 识别浏览器类型
4   if (window.attachEvent &&
        navigator.userAgent.indexOf('Opera') === -1)
5     browser = 'IE';
```

```
6      if (navigator.userAgent.indexOf('Gecko') > -1 &&
            navigator.userAgent.indexOf('KHTML') === -1 )
7        browser = 'Firefox';
8      // --> </Script>
```

9.3 校验用户输入

"9.1 建立函数库"中曾经提出,应将常用的校验用户输入的函数放在函数库中,但是在实际应用中,如果直接使用这些函数进行用户输入的校验,当校验失败时,就会逐一报出出错信息,见示例 9-12。如果一次出现多个出错域,用户必须多次按下信息窗口的"OK"按钮,因此,这样的程序设计,界面显得不友好。

示例 9-12 校验用户输入方法一:对于校验失败域分别在信息框中报错,如图 9-5 所示,当用户单击"提交"按钮时,程序逐一显示这些信息框。

程序文件名:ch9_12.htm。

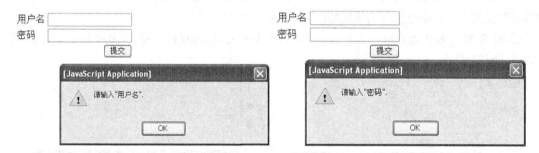

图 9-5 校验用户输入方法一:逐一显示出错信息

```
1    <script type="text/javascript" src="js/util.js"></script>
2    <script type="text/javascript"><!--
3      function validate() {
4        if (isEmptyString(getObj("username").value))
5          alert('请输入"用户名".');
6        if (!isValidString(getObj("username").value))
7          alert('无效的"用户名"');
8        if (getObj("username").value!="" && !isMinString(getObj("username").value,6))
9          alert('"用户名"长度应大于 6 个字符');
10       if (getObj("password").value=="")
11         alert('请输入"密码".');
12       if (getObj("password").value!="" && !isMinString(getObj("password").value,6))
13         alert('"密码"长度应大于 6 个字符');
14     }
15     function doSubmit() {
16       if (validate()) getObj("mainForm").submit;
17     }
18   //--></script>
19   <!-- 以下是 HTML 的内容 -->
20   <form id="mainForm" method="post">
```

```
21      <table>
22        <tr>
23          <td>用户名</td>
24          <td><input type="text" name="username" id="username"></td>
25        </tr>
26        <tr>
27          <td>密码</td>
28          <td><input type="password" name="password" id="password"></td>
29        </tr>
30        <tr>
31          <td></td>
32          <td align="right"><input type="button" value="提交" onclick="doSubmit();"></td>
33        </tr>
34      </table>
35    </form>
```

改进后的校验函数，通过一个全局变量保存所有的出错信息，这样，出现多个出错域时，就可以在信息框中一次报出所有出错域的信息，见示例 9-13。

示例 9-13 校验用户输入方法二：当出现多个校验域失败时，一次报出多个出错域信息，如图 9-6 所示。

程序文件名：ch9_13.htm。

图 9-6 校验用户输入方法二：一次报出多个出错域信息

改进后的 JavaScript 程序如下：

```
1     var errMsg = "";    // 全局变量，用于存放出错信息
2     function validate() {
3       if (isEmptyString(getObj("username").value))
4         errMsg += '请输入"用户名".\n';
5       if (isEmptyString(getObj("password").value))
6         errMsg += '请输入"密码".\n';
7       if (!isValidString(getObj("username").value))
8         errMsg += '无效的"用户名" \n';
9       if (getObj("username").value!=""
          && !isMinString(getObj("username").value,6))
10        errMsg += '"用户名"长度应大于 6 个字符 \n';
11      if (getObj("password").value!=""
          && !isMinString(getObj("password").value,6))
12        errMsg += '"密码"长度应大于 6 个字符';
```

```
13            // 如果全局变量不为空，报出错信息
14            if (errMsg!="") {
15              alert(errMsg);
16              errMsg = "";
17              return false;
18            }
19          }
```

如果窗体中包含较多的用户输入域，当出现多个出错域时，使用"校验用户输入方法二"虽然一次可以报出所有出错域的信息，但是，这时用户单击出错信息中的"OK"按钮后，用户在窗体中仍然无法明显地找到出错域的位置，因此，采用"高亮出错域"的方法，就可以得到较好的效果。

示例 9-14 校验用户输入方法三：当出现多个校验域失败时，一次报出多个出错域信息，并高亮出错域，如图 9-7 左图所示；当用户纠正了错误后，取消正确域的高亮，如图 9-7 右图所示。
程序文件名：ch9_14.htm。

图 9-7 校验用户输入方法三：高亮出错域

改进后的 JavaScript 程序如下：

```
1   var errMsg = "";  // 全局变量，用于存放出错信息
2   // 全局变量数组，用于存放出错域的 id
3   var allFormValidateFields = new Array();
4   function validate() {
5     doErrHighlight(isEmptyString(getObj("username").value),
6                   '请输入"用户名".\n',
7                   "username");
8     doErrHighlight(isEmptyString(getObj("password").value),
9                   '请输入"密码".\n',
10                  "password");
11    doErrHighlight(!isValidString(getObj("username").value),
12                  '无效的"用户名" \n',
13                  "username");
14    doErrHighlight(getObj("username").value!=""
      && !isMinString(getObj("username").value,6),
15                  '"用户名"长度应大于 6 个字符 \n',
16                  "username");
17    doErrHighlight(getObj("password").value!=""
      && !isMinString(getObj("password").value,6),
```

```
18                          '"密码"长度应大于 6 个字符 \n',
19                          "password");
20
21      if (errMsg!="") {
22        alert(errMsg);
23        errMsg = "";
24        allFormValidateFields = new Array();
25        return false;
26      }
27    }
28
29    function doErrHighlight(isError, s, id) {
30      if (isError) {
31        errMsg += s;    // 将出错信息添加到全局变量中
32        errHighlight(id,true);    // 高亮出错域
33        addToAllFormValidateFields(id);    // 将出错域的 id 添加到全局变量数组中
34      }
35      else
36        if (indexOfArray(allFormValidateFields,id)==-1) errHighlight(id,false);
         // 对于纠正了错误的域,取消高亮效果
37    }
38
39    function addToAllFormValidateFields(id) {
40      if (indexOfArray(allFormValidateFields,id)==-1)
41        allFormValidateFields[allFormValidateFields.length] = id;
42    }
```

9.4 弹出窗口

在网页开发中,"弹出窗口"技术往往可以起到提示同时显示不同信息等效果,但是,由于许多广告网站滥用该技术显示广告内容,一些浏览器设置了"限制弹出窗口"的选项,因此使用"弹出窗口"技术时应注意这一点。

9.4.1 一般的弹出窗口

一般弹出窗口的制作可以直接使用窗口对象中的 window.open()方法,根据参数的设置,可以设置窗口的尺寸、位置及是否有菜单栏、状态栏、工具条、滚动条等项,详见"8.3.2 多窗口控制"。

9.4.2 对话框式的弹出窗口

对话框式的弹出窗口有以下两个特点:
(1) 弹出窗口总是在打开窗口的上方。
(2) 禁止用户在打开窗口中的所有操作。
图 9-8 所示为一个典型的对话框式的弹出窗口的示例,底部窗口显示的是用户信息,单击"编

辑"按钮后就会弹出编辑信息的窗口,这时如果单击底部窗口中的任何内容都不起作用,只有关闭弹出窗口后,才可以使用底部窗口中的内容。

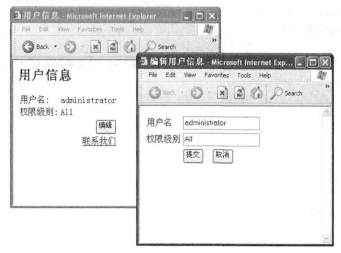

图 9-8 对话框式的弹出窗口

示例 9-15 分别列出了适用于大部分浏览器的底部窗口和弹出窗口的程序内容,程序中的注释分别表示了各函数的作用和意义。

示例 9-15 制作对话框式的弹出窗口。

程序文件名:ch9_15htm。

底部窗口程序 detail.htm:

```
1   <head>
2     <title>用户信息</title>
3     <script type="text/javascript"><!--
4     var mWin = new Object();
5     function doOpenWin() {
6       if (!mWin.win || (mWin.win && mWin.win.closed))
7         mWin.win = window.open('edit.htm');
8       else
9         mWin.win.focus();
10    }
11    // 当弹出窗口时,底部窗口的所有元素都无效
12    function disableForms() {
13     for (var h = 0; h < frames.length; h++)
14       frames[h].document.forms[i].disabled = true;
15    }
16    // 当弹出窗口关闭时,底部窗口的所有元素都恢复使用
17    function enableForms() {
18     for (var h = 0; h < frames.length; h++) {
19       for (var i = 0; i < frames[h].document.forms.length; i++)
20         frames[h].document.forms[i].disabled = false;
21     }
22    }
23    function blockEvents() {
```

```
24        disableForms();
25        window.onfocus = checkModal;
26      }
27      function unblockEvents() {
28        enableForms();
29      }
30      // 如果已经打开了弹出窗口,当用户单击底部窗口时,总是聚焦弹出窗口
31      function checkModal() {
32        if (mWin.win && !mWin.win.closed) {
33          mWin.win.focus();
34        }
35      }
36    //--></script>
37  </head>
38  <body>
39    <h2>用户信息</h2>
40    <table>
41      <tr>
42        <td>用户名:</td>
43        <td>administrator</td>
44      </tr>
45      <tr>
46        <td>权限级别:</td>
47        <td>All</td>
48      </tr>
49      <tr>
50        <td></td>
51        <td align="right"><input type="button" value="编辑" onclick="doOpenWin();"</td>
52      </tr>
53      <tr>
54        <td></td>
55        <td align="right"><a href="mailto:admin@test.com">联系我们</a></td>
56      </tr>
57    </table>
58  </form>
59  </body>
```

弹出窗口程序 edit.htm:

```
1   <head>
2   <title>编辑用户信息</title>
3   <script type="text/javascript"><!--
4   function popOnLoad() {
5       if (opener) opener.blockEvents();
6   }
7   function popOnUnLoad() {
8       if (opener) opener.unblockEvents();
9   }
10  //--></script>
11  </head>
```

```
12    <body onload="popOnLoad();" onunload="popOnUnLoad();">
13    <table>
14      <tr>
15        <td>用户名</td>
16        <td><input type="text" value="administrator"></td>
17      </tr>
18      <tr>
19        <td>权限级别</td>
20        <td><input type="text" value="All"></td>
21      </tr>
22      <tr>
23        <td> </td>
24        <td><input type="button" value="提交"> 
25            <input type="button" value="取消" onclick="window.close()"></td>
26      </tr>
27    </body>
```

除了上述示例 9-15 所示的方法，IE 浏览器还提供了一种专门用于制作对话框式弹出窗口的方法，即 winodw.showModalDialog()方法（具体使用方法请详见微软网页 http://msdn.microsoft.com/library/default.asp?url=/workshop/author/dhtml/reference/methods.asp）。当使用这种方法制作弹出窗口后，底部窗口的内容自动就会被禁止操作，用户只能在打开的窗口中进行操作，只有当关闭了弹出窗口后，用户才可以在底部窗口中操作。

但是，这种方法有两个方面的局限性：

（1）只能用于 Microsoft Internet Explorer 浏览器；

（2）弹出窗口的内容可以与底部窗口的内容相互传递，但是，弹出窗口不能作为独立的窗口向服务器端提交窗体。

9.4.3　窗口中的"窗口"

窗口中的"窗口"并不是一个真正的浏览器窗口，它是根据文档对象模型的特性制作的"窗口"，它可以像窗口一样包括标题栏、滚动条及标题中设置各种图标，用户也可以通过拖曳"窗口"的标题栏移动"窗口"，如图 9-9 所示。

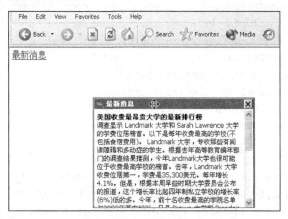

图 9-9　窗口中的"窗口"

示例 9-16 制作如图 9-9 所示的窗口中的"窗口"。

程序文件名：ch9_16.htm。

```
1   <style type="text/css">
2    body {width:100%; height:100%; margin:0px; overflow:auto;}
3    .titlebar {position:absolute; left:0px; top:0px;width:100%; background-color:#336699; cursor:move;font-family:tahoma; font-size:12px;}
4    .wins {position:absolute; visibility:hidden;border:3px outset #c0c0c0; }
5    .text {position:absolute; background-color:#ffffff; font-family:tahoma; font-size:12px; overflow:auto;}
6    .title {font-weight:bold; color:#ffffff;}
7    p {margin:5px;}
8   </style>
9   <script type="text/javascript"> <!--
10   var ie = (window.attachEvent && navigator.userAgent.indexOf('Opera') === -1);
11   var ff  = (navigator.userAgent.indexOf('Gecko') >-1 && navigator.userAgent.indexOf('KHTML') === -1 );
12   var active = 0;
13   var x, y, coordsX, coordsY;
14   function start(windowName){ // 设置开关变量active，保存当前坐标
15     dragWind = document.getElementById(windowName);
16     y = coordsY-parseInt(dragWind.style.top);
17     x = coordsX-parseInt(dragWind.style.left);
18     active=1;
19   }
20   function drag(e){
21     coordsY = ff?e.clientY:event.clientY;
22     coordsX = ff?e.clientX:event.clientX;
23     if(active){   // 计算新的坐标
24       dragWind.style.top = (coordsY-y)+ "px";
25       dragWind.style.left = (coordsX-x) + "px";
26     }
27   }
28   function closeWin(){
29     dragWind.style.visibility= "hidden";
30   }
31   function openWin(windowName, contentName, topWin, leftWin, winWidth, winHeight){
32     dragWind = document.getElementById(windowName);
33     dragCont = document.getElementById(contentName);
34     dragWind.style.visibility = "visible";
35     dragWind.style.top = topWin+ "px";
36     dragWind.style.left = leftWin+ "px";
37     dragWind.style.width = winWidth+ "px";
38     dragWind.style.height = winHeight+ "px";
39     dragCont.style.top = "20px";
40     dragCont.style.left = 0;
41     dragCont.style.width = (ff?winWidth:winWidth-6) + "px";
42     dragCont.style.height = (ff?winHeight-20:winHeight-24) + "px";
43     imgs = document.getElementById("wind1").getElementsByTagName("IMG");
44     for(var i=0; i<imgs.length;i++){
```

```
45              imgs[i].style.cursor = (ie)?"hand":"pointer";
46              imgs[i].ondragstart = new Function("return false");
47          }
48      }
49  document.onmousemove = drag;
50  document.onmouseup=new Function("active=0");  // 重新设置开关变量 active
51  document.onselectstart = new Function("return false");  // 针对 IE
52  //--></script>
53  <body style="width:100%;height:100%">
54    <p><a href="javascript:openWin('wind1','cont1',50,300,300,200)">最新消息</a></p>
55    <div id="wind1" class="wins">
56      <table width=100% border=0 cellpadding=0 cellspacing=1 class="titlebar" onmousedown="start('wind1');">
57      <tr>
58        <td width=20><img src="xxIcon.gif" border=0 width=16 height=16 hspace=1></td>
59        <td class="title">最新消息</td>
60        <td width=16 align="right"><img src="close.gif" border=0 width=16 height=16 onclick="closeWin()" title="close"></td>
61      </tr>
62      </table>
63      <div id="cont1" class="text">
64        <p>
65          <b>美国收费最昂贵大学的最新排行榜</b><br>
66              …
67              …
68        </p>
69      </div>
70    </div>
71  </body>
```

- "窗口"包括两大部分，标题栏与内容框，对应于 openWin()函数中的参数分别为 windowName、contentName。
- 当需要移动"窗口"时，在标题栏中按下鼠标键，第 56 行的 onmousedown 事件就会调用第 14～19 行的 start()函数。
- 第 49～51 行设置了 3 个事件项，其中 document.onselectstart 主要是针对 Microsoft Internet Explorer 浏览器而设置的，如果没有设置该事件，在 Microsoft Internet Explorer 浏览器中移动"窗口"时就会将主窗口中的内容选择上（呈高亮状态）。
- start()函数中设置了 active=1 后，当移动鼠标时，就会调用第 20～27 行的 drag()函数；当松开鼠标键时，就会调用第 28～30 行的 closeWin()函数。

9.5　下拉菜单

下拉菜单是网页制作中常用的技术。图 9-10 所示为典型的下拉菜单，其特点是，当鼠标滑向菜单项时，就会打开它的下拉菜单列表；如果鼠标滑出下拉菜单列表，下拉菜单列表就会自动消失;单击下拉菜单中的菜单项,就会打开相应的网页。

图 9-10 下拉菜单

对于不同的浏览器,制作上述下拉菜单可以使用不同的技术,特别是有的浏览器(如 Microsoft Internet Explorer 浏览器)提供了许多特殊的事件对象的属性和方法,因此制作起来将会容易一些。但是对于跨浏览器的网页设计,应尽可能地使用基本的通用技术来制作下拉菜单。下面提供的有关制作下拉菜单的方法,适用于各种浏览器。

示例 9-17　修改示例 3-10 为下拉菜单。

程序文件名:ch9_17.htm。

操作步骤如下。

(1)将 ch3_10.htm 另存为 ch9_17.htm,并且在 HTML 内容中加入下述第 4～10 行的粗体内容,得到如图 9-11 所示的效果。

```
1   <div id="menu">
2     <ul>
3   <li><a href="ch3_10_home.htm">主页内容</a>
4     <div id="m1">
5       <a href="#">菜单项 1</a>
6       <a href="#">菜单项 2</a>
7       <a href="#">菜单项 3</a>
8       <a href="#">菜单项 4</a>
9       <a href="#">菜单项 5</a>
10    </div>
11  </li>
12      <li><a href=" ch3_10_search.htm ">搜索引擎</a></li>
13      <li><a href=" ch3_10_contact.htm ">联系我们</a></li>
14    </ul>
15  </div>
16  <div id="content">
17    这是"主页内容"网页
18  </div>
```

(2)在 ch9_17.htm 中将 ch3_10_menu.css 修改为 ch9_17_menu.css,然后将 ch3_10_menu.css

另存为 ch9_17_menu.css，并且在文档后加入下述内容，下拉菜单内容就会被隐藏起来。

图 9-11　加入下拉菜单内容简单的菜单栏

```
1   #menu div {
2     position: absolute;
3     visibility: hidden;
4     margin: 0;
5     padding: 0;
6     background: #EAEBD8;
7     border: 1px solid #5970B2;
8   }
9   #menu div a {
10    position: relative;
11    display: block;
12    margin: 0;
13    padding: 5px 10px;
14    width: auto;
15    white-space: nowrap;
16    text-align: left;
17    text-decoration: none;
18    background: #EAEBD8;
19    color: #2875DE;
20    font: 11px arial
21  }
22  #menu div a:hover {
23    background: #49A3FF;
24    color: #FFF
25  }
```

（3）在 ch9_17.htm 的 head 元素中插入下述 JavaScript 程序，其中使用了 JavaScript 的定时器，详见"9.7 动画技术"。

```
1   <script type="text/javascript">
2   var timeout= 500;
3   var closetimer= 0;   //隐藏下拉菜单用的定时器
4   var ddmenuitem= 0;
```

```
5
6      // 打开下拉菜单
7      function mopen(id) {
8        // 取消关闭定时器
9        mcancelclosetime();
10
11       // 隐藏旧的下拉菜单
12       if(ddmenuitem) ddmenuitem.style.visibility = 'hidden';
13
14       // 得到和显示新的下拉菜单
15       ddmenuitem = document.getElementById(id);
16       ddmenuitem.style.visibility = 'visible';
17     }
18     // 隐藏新的下拉菜单
19     function mclose() {
20       if(ddmenuitem) ddmenuitem.style.visibility = 'hidden';
21     }
22
23     //隐藏下拉菜单用的定时器
24     function mclosetime() {
25       closetimer = window.setTimeout(mclose, timeout);
26     }
27     // 取消定时器
28     function mcancelclosetime() {
29       if(closetimer) {
30         window.clearTimeout(closetimer);
31         closetimer = null;
32       }
33     }
34
35     // 单击网页时,隐藏下拉菜单
36     document.onclick = mclose;
37   </script>
```

（4）在 ch9_17.htm 的菜单 a 元素和下拉菜单 div 元素中插入下述事件项,完成操作。

```
<li>
  <a href="ch3_10_home.htm"
onmouseover="mopen('m1')" onmouseout="mclosetime()">home</a>
  <div id="m1"  onmouseover="mcancelclosetime()"
                onmouseout="mclosetime()">
    <a href="#">菜单项 1</a>
    <a href="#">菜单项 2</a>
    <a href="#">菜单项 3</a>
    <a href="#">菜单项 4</a>
    <a href="#">菜单项 5</a>
  </div>
</li>
```

9.6 事件冒泡处理

"事件冒泡"指的是当嵌套的标记中应用了相同的事件时,事件就会像冒泡一样,从里到外被激发。如下面的示例所示,由于<td>和<img>标记中都应用了 onclick 事件,因此,当鼠标移动到图片上单击后,首先就会得到"这是图片"信息,然后马上又会得到"这是表格"信息,如图 9-12 所示。

```
1   <table>
2     <tr>
3       <td  onclick="alert('这是表格')">
4         <img src=001.gif' onclick="alert('这是图片')">
5       </td>
6     </tr>
7   </table>
```

在实际的应用中,有时往往需要阻止"事件冒泡"的发生。例如,在上述示例中,当用户单击图片时,只想显示"这是图片",而不要显示"这是表格"信息,只有当用户单击图片以外的表格行时,才显示"这是表格"信息。这时,可以通过 event.srcElement(用于 Internet Explorer 浏览器)或 e.target(用于 Firefox 浏览器)的方法来区分事件作用的对象,从而阻止"事件冒泡"的发生,具体程序内容如示例 9-18 所示。

图 9-12 事件冒泡示例

示例 9-18 阻止事件的冒泡。

程序文件名:ch9_18.htm。

```
1   <script type="text/javascript"><!--
2   document.onclick = doClick;
3   function doClick(e) {
4     var theObj = (e) ? e.target : event.srcElement;
5     if (theObj.nodeName=="IMG")
6       alert("这是图片");
7     else if (theObj.nodeName=="TD")
8       alert("这是表格");
9   }
10  --></script>
11  <!-- 以下是 HTML 的内容 -->
12      <table width="150" border="1">
13        <tr>
14          <td><img src="001.gif"></td>
15        </tr>
16      </table>
```

- 在 JavaScript 的第 2 行中首先将 onclick 事件应用于全部的网页对象范围,该事件将调用 doClick()函数。
- 在 doClick()函数中,第 4 行得到事件作用的对象,其中 e.target 主要用于 Firefox 浏览器,event.srcElement 主要用于 IE 浏览器。
- 在第 5~7 行中,通过得到事件作用对象的标记名,从而区分所有处理的动作。

9.7 动画技术

在网页中应用动画技术可以使网页显得生动，更能吸引用户的注意力。JavaScript 制作动画主要是通过网页窗口对象的 setTimeout()、setInterval ()方法定时调用指定的 JavaScript 函数，用于改变网页对象的颜色、位置、内容等，以达到动画的效果。

setTimeout()方法的使用规则如下：

```
id = window.setTimeout("somefunction();",间隔时间毫秒数);
```

它表示网页将在"间隔时间毫秒数"时间间隔后调用 somefunction()函数。其中，1s=1000ms；id 是用于保存所设置的 setTimeout()方法的变量，当程序中同时应用了多个 setTimeout()时，通过 id 变量可以跟踪这些动画的状态。

如果要取消 setTimeout()函数的设置，可以通过使用下述 JavaScript 的窗口对象的方法。

```
window.clearTimeout(id);
```

其中，id 就是保存了 setTimeout()方法的变量。

setInterval ()方法的使用规则如下：

```
id = window.setInterval("somefunction();",间隔时间毫秒数);
```

它表示网页每"间隔时间毫秒数"时间间隔调用 somefunction()函数。同样可以使用下述窗口对象的方法取消 setInterval()的设置。

```
window.clearInterval(id);
```

其中，id 就是保存了 setInterval ()方法的变量。

9.7.1 动画网页对象的内容

一般可以通过改变网页中元素对象的 innerHTML 属性，从而改变网页对象的内容。

示例 9-19 制作如图 9-13 所示的倒计数效果。

程序文件名：ch9_19.htm。

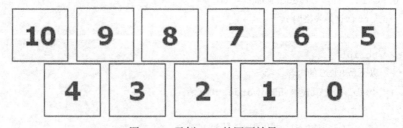

图 9-13 示例 9-19 的网页效果

```
1  <script type="text/javascript"><!--
2    count=11;
3    function countDown(){
4      count--;
5      writeNumber(count);
6      if (count>0){
7        window.setTimeout("countDown();",1000);   // 每隔1s调用本函数
8      }
```

```
9      }
10     function writeNumber(count) {
11       document.getElementById("content").innerHTML = count;
12     }
13   //--></script>
14   <body onload="countDown();">
15     <div style="font:28px tahoma bold ; color:red" id="content"></div>
16   </body>
```

- 应用该示例时首先应在网页文件的文件夹中包含 10 个图像文件：0.gif、1.gif、…、9.gif。
- 该示例在装载网页时调用 countDown()函数。
- 在 countDown()函数中计算 count 数后，通过 writeNumber()函数改写 id 为 content 的<div>标记中的内容。
- 通过 setTimeout()函数每隔 1s 调用 countDown()函数，直到 count 为 0。

9.7.2 动画网页对象的尺寸

如果在动画中同时应用两个 setTimeout()方法，就会得到意想不到的效果。

示例 9-20　在网页中动画显示 6 条信息，同时由小至大变换字体尺寸，如图 9-14 所示，最后自动进入下一个网页。

程序文件名：ch9_20.htm。

图 9-14　示例 9-20 的网页效果

```
1    <style type="text/css">
2    #content {position:absolute; left:0px; top:150px;
3      width:100%; font-family:Impact; text-align:center;
4      color:#336699; overflow:hidden;
5    }
```

```
6       </style>
7       <script type="text/javascript"><!--
8       var s=0;
9       var i=0;
10      var m=70;
11      var d=2000;
12      var msg=new Array("Welcome to","google.com","google search",
13          "google picture","google tools","and much more...");
14      function changeMsg(){
15          if (i>=msg.length){
16              location.href=('http://www.google.com');
17              return true;
18          }
19          txt=document.getElementById("content");
20          txt.innerHTML=msg[i];
21          s=0;
22          zoomTxt();
23          i++;
24          setTimeout("changeMsg()", d);
25      }
26      function zoomTxt(){
27          if(s<m){
28              txt.style.fontSize = s+"pt";
29              s+=5;
30              setTimeout("zoomTxt()", 30);
31          }
32      }
33      //--></script>
34      <body onload="changeMsg();">
35      <div id="content"></div>
36      </body>
```

- 本示例分别在 changeMsg()和 zoomTxt()函数中应用了 setTimeout()函数，一个用于改变网页内容，另一个用于改变文字的尺寸。
- 在改变文字尺寸的 setTimeout()函数调用中，设置的时间间隔很小，这样使得动画效果很光滑。
- 在第 15～18 行中，当显示的信息数达到 6 条时，通过 location.href 语句自动将网页转换到指定的网站中。

9.7.3 动画网页对象的位置

一般可以通过改变网页中元素对象的定位坐标属性（left、top）的值，从而改变网页对象的位置。

示例 9-21 制作如图 9-15 所示的滑动菜单栏。当鼠标移动到"菜单"上时，菜单块会滑出来；当鼠标移出"菜单"时，菜单块会滑回去；当滚动网页时，菜单仍然固定在屏幕的设定位置上。

程序文件名：ch9_21.htm。

 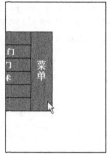 

图 9-15 示例 9-21 的网页效果

```
1   <style type="text/css">
2   #menu {position:absolute; top:-2000px; border:1px solid #000000; border-collapse:collapse; visibility:hidden;}
3   td.txt {border:1px solid #000000; text-align:center; font-weight:bold; color:#ffffff;}
4   td.txt a{font-family:tahoma,arial,helvetica,sans-serif; font-size:12px; font-weight:bold; color:#ffffff; text-decoration:none;}
5   td.txt a:hover{font-family:tahoma,arial,helvetica,sans-serif; font-size:12px; font-weight:bold; color:#000000; text-decoration:none;}
6   </style>
7   <script type="text/javascript">
8   var ie = (window.attachEvent && navigator.userAgent.indexOf('Opera') === -1);
9   var ff= (navigator.userAgent.indexOf('Gecko') > -1 && navigator.userAgent.indexOf('KHTML') === -1 );
10
11  var MenuTop = 50;
12  var MenuLeft = 150;
13
14  var timerID1 = null;
15  var timerID2 = null;
16
17  function statik(){
18    if(ie)
19      document.getElementById('menu').style.top = document.body.scrollTop + MenuTop+'px';
20    if(ff)
21      document.getElementById('menu').style.top = window.pageYOffset + MenuTop+'px';
22  }
23
24  function changeBG(obj, bgColor) {
25    if(ie || ff){
26      obj.style.backgroundColor = bgColor;
27    }
28  }
29
30  function slideIn(){
31    if(ie || ff){
```

```
32      if(parseInt(document.getElementById('menu').style.left) < 0){
33         clearTimeout(timerID2);
34         document.getElementById('menu').style.left                              = parseInt(document.getElementById ('menu').style.left) + 5 + "px";
35         timerID1=setTimeout("slideIn()", 30);
36      }
37    }
38  }
39
40  function slideOut(){
41    if(ie || ff){
42      if(parseInt(document.getElementById('menu').style.left) > -MenuLeft){
43        clearTimeout(timerID1);
44        document.getElementById('menu').style.left = parseInt(document.getElementById ('menu').style.left) - 5 + "px";
45        timerID2=setTimeout("slideOut()", 30);
46      }
47    }
48  }
49
50  function reDo(){
51    if(ie || ff)
52       window.location.reload();
53  }
54
55  function slideMenuInit(){
56    if(ie || ff){
57       document.getElementById('menu').style.visibility = "visible";
58       document.getElementById('menu').style.left = -MenuLeft+"px";
59       document.getElementById('menu').style.top = MenuTop+"px";
60    }
61  }
62
63  window.onresize = reDo;
64  setInterval('statik()', 1);
65  </script>
66  <!-- 以下是 HTML 的内容 -->
67  <body onload="slideMenuInit()">
68  <table id="menu" width="180" border="1" cellpadding="3" cellspacing="0" bgcolor= "#0099CC" bordercolor="#000000" onmouseover="slideIn()" onmouseout="slideOut()">
69    <tr>
70      <td class="txt" onmouseover="changeBG(this,'#ff0000')" onmouseout="changeBG (this,'#0099CC')"><a href="#">首页</a></td>
71      <td rowspan=6 class="txt">菜<br/>单<br/></td>
72    </tr>
73    <tr>
74      <td class="txt" onmouseover="changeBG(this,'#ff0000')" onmouseout="changeBG (this,'#0099CC')"><a href="#">JavaScript 入门</a></td>
75    </tr>
```

76	`    <tr>`
77	`      <td class="txt" onmouseover="changeBG(this,'#ff0000')" onmouseout="changeBG(this,'#0099CC')"><a href="#">网页样式入门</a></td>`
78	`    </tr>`
79	`    <tr>`
80	`      <td class="txt" onmouseover="changeBG(this,'#ff0000')" onmouseout="changeBG(this,'#0099CC')"><a href="#">动态网页技术</a></td>`
81	`    </tr>`
82	`    <tr>`
83	`      <td class="txt" onmouseover="changeBG(this,'#ff0000')" onmouseout="changeBG(this,'#0099CC')"><a href="#">典型示例</a></td>`
84	`    </tr>`
85	`    <tr>`
86	`      <td class="txt" onmouseover="changeBG(this,'#ff0000')" onmouseout="changeBG(this,'#0099CC')"><a href="#">联系我们</a></td>`
87	`    </tr>`
88	`</table>`
89	`<script type="text/javascript">`
90	`for(i=1;i<101;i++){`
91	`    document.write(" ");`
92	`}`
93	`</script>`
94	`</body>`

- 本示例设置了两个 setTimeout() 和一个 setInterval()。
- 第 30~38 行是用于控制滑入的函数 slideIn()，它设置了一个 setTimeout()，并保存在 timerID1 中，同时清除 timerID2（如第 33 行所示）。
- 第 40~48 行是用于控制滑出的函数 slideOut()，它设置了一个 setTimeout()，并保存在 timerID2 中，同时清除 timerID1（如第 43 行所示）。
- 第 17~22 行的函数 statik() 用于定位菜单栏的高度方向的位置，为了达到滚动网页时菜单栏仍然定位在该位置上，第 64 行使用 setInterval() 反复调用了 statik()。

第 10 章 实训项目

实训环境

（1）Windows 记事本软件或其他用于编辑 HTML、CSS 和 JavaScript 文件的工具软件。

（2）IE 浏览器。

（3）Firefox 浏览器。

10.1 "第 1 章 HTML 基础"实训

1．实训目的

熟练掌握 HTML 文档中的各元素，熟练编写 HTML 文档，在 IE 浏览器和 Firefox 浏览器中调试 HTML 网页。

2．实训内容

（1）编写第 1 章中的示例源文件，并且分别在 IE 浏览器和 Firefox 浏览器中进行调试。

（2）编写一段 HTML 文档，如图 10-1 所示，其中包括 4 个区域，它们的内容分别如下。

- 标题广告区：一个 60px×60px 的图像和一级标题"我的网页"。
- 菜单栏：由链接元素组成的菜单内容，包括"我的照片"、"我的录像"和"我的日记"。
- 主要内容区：二级标题"我的日记"以及日记内容。
- 页脚区：链接到电子邮件的"请您留言"，显示"更新日期"。

3．实训操作步骤

（1）通过 Windows 的文件管理器，在 C 盘下新建一个文件夹"html_ex"，如图 10-2 所示，用于保存实训中的文件。

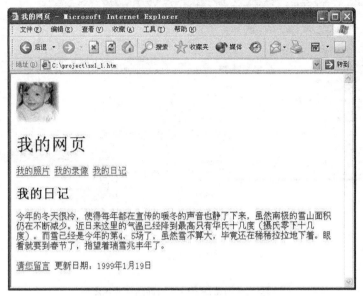

图 10-1　我的网页

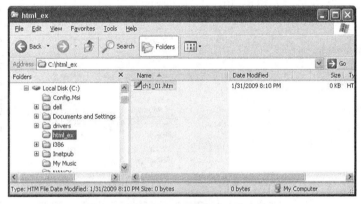

图 10-2　在 Windows 中新建一个文件夹

（2）在 Windows 中打开"记事本"（也可以使用其他用于编辑 HTML 文件的工具软件，如 Microsoft Frontpage、Macromedia Dreamweaver 等），编写示例 1-1 的 ch1_01.htm 程序，然后将文件保存在 C:\html_ex 文件夹中。

（3）用下述任意一种方法，在浏览器中显示 ch1_01.htm。

- 在图 10-2 中双击"ch1_01.htm"文件名。
- 在图 10-2 中用鼠标右键单击"ch1_01.htm"文件名，在打开的菜单列表中如果有所需的浏览器名就可以直接单击浏览器名，否则选择"Choose Program（选择程序）"项，在打开的对话框中选择所需的浏览器名，如图 10-3 所示。
- 先在 Windows 中打开所需的浏览器，然后按【Ctrl+O】组合键，在打开的对话框中找到 ch1_01.htm 文件。

（4）在浏览器中用鼠标右键单击 ch1_01.htm 网页的空白处，在打开的菜单中选择"查看源文件"，如图 10-4 所示，查看 ch1_01.htm 网页的源文件。

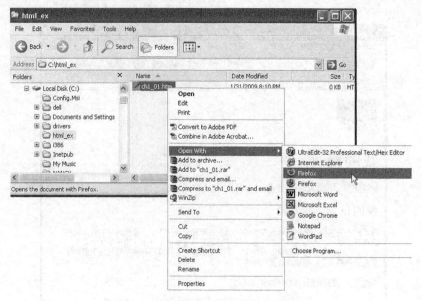

图 10-3　在浏览器中打开实训文件方法之一

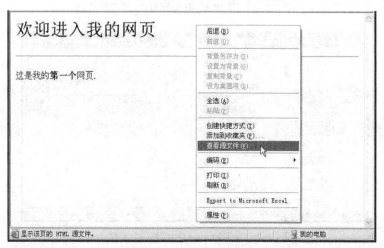

图 10-4　查看网页源文件

(5) 在 C:\html_ex 文件夹中新建一个 sx1_1_blog.htm。
(6) 首先，制作 4 个 div 元素，并且为每个 div 元素进行标识。

```
1   <!DOCTYPE HTML PUBLIC "-//W3C//DTD HTML 4.01//EN" "http://www.w3.org/TR/html4/strict.dtd">
2   <html>
3     <head>
4       <title>我的网页</title>
5     </head>
6     <body>
7       <div id="top"></div>
8       <div id="menu"></div>
9       <div id="mainCol"></div>
10      <div id="footer"></div>
11    </body>
12  </html>
```

(7)在每个 div 中输入如下粗体所示的内容,完成操作,得到图 10-1 所示的效果。

```
1   <!DOCTYPE HTML PUBLIC "-//W3C//DTD HTML 4.01//EN" "http://www.w3.org/TR/html4/strict.dtd">
2   <html>
3     <head>
4       <title>我的网页</title>
5     </head>
6     <body>
7       <div id="top">
8         <img src="profile.jpg">
9         <h1>我的网页</h1>
10      </div>
11      <div id="menu">
12        <a href="#">我的照片</a>
13        <a href="#">我的录像</a>
14        <a href="#">我的日记</a>
15      </div>
16      <div id="mainCol">
17        <h2>我的日记</h2>
18        <p>
19           日记内容
20           …
21        </p>
22      </div>
23      <div id="footer">
24        <a href="mailto:abc@efg.com">请您留言</a>
25        <span>更新日期:1999年1月19日</span>
26      </div>
27    </body>
28  </html>
```

(8)用上述相同的方法制作其他两个网页,照片网页 sx1_1_photo.htm 和录像网页 sx_1_video.htm。

10.2 "第 2 章 CSS 基础"实训

1. 实训目的

熟练掌握 CSS 样式表的定义和在 HTML 文档中的应用。

2. 实训内容

(1)编写第 2 章中的示例源文件,并且分别在 IE 浏览器和 Firefix 浏览器中进行调试。

(2)修改 sx1_1_blog.htm 为 sx2_1_blog.htm,修改 sx1_1_photo.htm 为 sx2_1_photo.htm,修改 sx1_1_video.htm 为 sx2_1_video.htm,然后按下述排版布局加上 CSS 定义,得到如图 10-5 所示的效果。

- 网页边距、间距均为 0,背景色为#F2F2E1,链接的颜色为橘红色(#E58712)、鼠标在链接上的颜色为绿色（#9BBB38）、没有下画线；

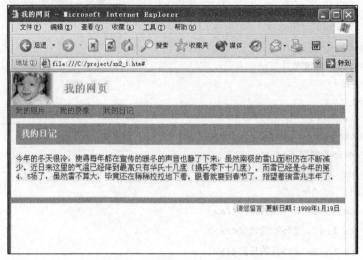

图 10-5 "我的网页"排版效果

- 标题广告栏高为 60px，标题颜色为绿色（#9BBB38）；
- 菜单栏背景色为绿色（#9BBB38），文字颜色为白色；
- 主要内容区背景色为白色，二级标题背景色为绿色（#9BBB38），文字为白色；
- 页脚区右对齐，字体较小，上分割线为绿色（#E8E7D0），宽度为 10px；
- 在"我的照片"页中，小图片尺寸为 60px×60px，按矩阵状排列，小图片下有简要说明，当鼠标移动到小图片上时，会显示图片的详细说明，如图 10-6 所示。

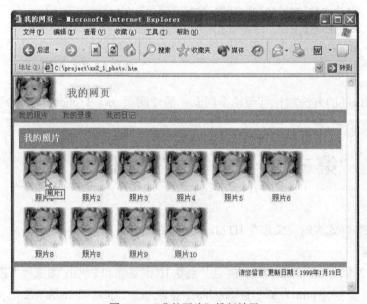

图 10-6 "我的照片"排版效果

3．实训操作步骤

（1）将 sx1_1_blog.htm 另存为 sx2_1_blog.htm。

（2）为了在标题广告栏中将图片和大标题放在同一行，需要将图片放入 div 元素的背景中，因此删去"<img src="profile.jpg">"。

```
1    <div id="top">
2      <img src="profile.jpg">
3      <h1>我的网页</h1>
4    </div>
```

（3）在 head 元素中加入一行外部样式表定义文件。

```
<link href="sx2_1.css" rel="stylesheet" type="text/css">
```

（4）新建一个文本文件 sx2_1.css，在其中定义样式表如下，完成操作。

```
1   body {margin:0;padding:0; background-color:# F2F2E1;font-size:14px}
2   a {color:#E58712;text-decoration:none;}
3   a:hover {color:#9BBB38}
4   #top {height:60px; background:url(profile.jpg) left top no-repeat}
5   h1 {color:#9BBB38;margin:20px 0 0;padding:0 0 0 100px;font-size:20px;}
6   h2 {color:#fff; background-color:#9BBB38;margin:0;padding:10px;font-size:16px;}
7   #menu a {margin-right:20px; }
8   #menu {background:#9BBB38;color:#fff;padding:4px 10px}
9   #mainCol {padding:10px}
10  #footer{border-top:10px solid #9BBB38; font-size:12px; text-align:right; padding:10px}
```

（5）用上述相同的方法修改其他两个网页，照片网页 sx2_1_photo.htm 和录像网页 sx2_1_video.htm。在 sx2_1_photo.htm 中，主要内容区修改如下：

```
1    …
2    <div id="mainCol">
3      <h2>我的照片</h2>
4      <div class="outer">
5        <img src="img1.jpg" alt="照片1" title="照片1">
6        <div>照片1</div>
7      </div>
8      …
9      <div class="outer">
10       <img src="img10.jpg" alt="照片10" title="照片10">
11       <div>照片10</div>
12     </div>
13     <br>
14   </div>
15   <div id="footer">
16   …
```

（6）在 sx2_01.css 中加入关于"我的照片"排版的内容。

```
1   …
2   Br {clear:both}
3   .outer {float:left;margin:10px}
4   .outer div {text-align:center;}
5   …
```

10.3 "第 3 章 CSS 实用技巧"实训

1. 实训目的

综合使用 HTML 和 CSS 技术。

2. 实训内容

（1）编写第 3 章中的示例源文件，并且分别在 IE 浏览器和 Firefix 浏览器中进行调试。

（2）将 sx2_1_blog.htm 修改为三列排版方式，如图 10-7 所示。

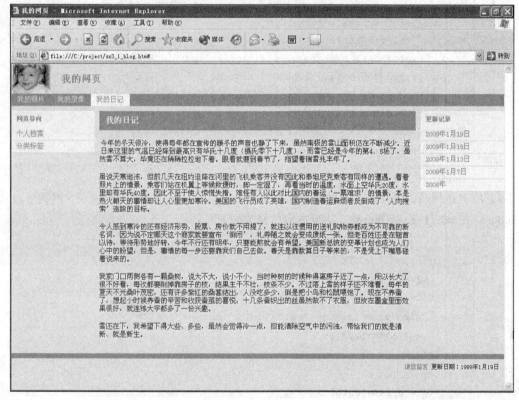

图 10-7 三列排版方式

- 增加左导向栏和右导向栏，宽度均为 150px，背景色为#FAFAF0，导向链接以颜色为#E8E7D0 的分割线相间，鼠标移动到链接上时，背景色变为白色。
- 主要内容区在中间。
- 将菜单栏修改为简单的导向菜单。

3. 实训操作步骤

（1）将 sx2_1_blog.htm 另存为 sx3_1_blog.htm。在 body 元素中设置标识为 blog；在网页中增加左右导向栏；修改菜单栏为列表项方式。

```
1   <!DOCTYPE HTML PUBLIC "-//W3C//DTD HTML 4.01//EN" "http://www.w3.org/TR/html4/strict.dtd">
2   <html>
3     <head>
```

```
 4        <title>我的网页</title>
 5        <link href="sx3_1.css" rel="stylesheet" type="text/css">
 6      </head>
 7      <body id="blog">
 8        <div id="top">
 9          <h1>我的网页</h1>
10        </div>
11        <div id="menu">
12          <ul>
13            <li class="photo"><a href="#">我的照片</a>
14            <li class="video"><a href="#">我的录像</a>
15            <li class="blog"><a href="#">我的日记</a>
16          </ul>
17          <br>
18        </div>
19        <div id="leftCol">
20          <h3>网页导向</h3>
21          <a href="#">个人档案</a>
22          <a href="#">分类标签</a>
23        </div>
24        <div id="rightCol">
25          <h3>更新记录</h3>
26          <a href="#">2009年1月19日</a>
27          <a href="#">2009年1月15日</a>
28          <a href="#">2009年1月13日</a>
29          <a href="#">2009年1月7日</a>
30          <a href="#">2008年</a>
31        </div>
32        <div id="mainCol">
33          <h2>我的日记</h2>
34          <p>
35            日记内容
36            …
37          </p>
38        </div>
39        <div id="footer">
40          <a href="mailto:abc@efg.com">请您留言</a>
41          <span>更新日期：1999年1月19日</span>
42        </div>
43      </body>
44    </html>
```

（2）将 sx2_1.css 另存为 sx3_1.css，修改如下：

```
 1    body {margin:0;padding:0; background-color:# F2F2E1;font-size:14px}
 2    a {color:#E58712;text-decoration:none;}
```

3	a:hover {color:#9BBB38}
4	#top {height:60px;background:url(profile.jpg) left top no-repeat}
5	h1 {color:#9BBB38;margin:20px 0 0;padding:0 0 0 100px; font-size:20px;}
6	h2 {color:#fff; background-color:#9BBB38;margin:0; padding:10px; font-size: 16px;}
7	**h3 {color:#9BBB38;font-size:12px;}**
8	#mainCol {padding:10px;**margin:0 170px**}
9	#footer{border-top:10px solid #9BBB38;font-size:12px; text-align:right; padding: 10px}
10	br {clear:both}
11	.outer {float:left;margin:10px}
12	.outer div {text-align:center;}
13	**#menu ul { margin:0;padding:0;float:left;width:100%; background:#9BBB38}**
14	**#menu li{ padding:0;margin:0;list-style:none;float:left;}**
15	**#menu li a {display:block;margin:0 1px 0 0; padding:4px 10px; width:60px;background:#9BBB38;color:#fff;text-align:center; text-decoration: none;}**
16	#menu li a:hover {background:#fff;color:#9BBB38}
17	#blog .blog a, #photo .photo a, #video .video a {background:#fff;color:#9BBB38}
18	#leftCol,#rightCol {width:150px;background:#FAFAF0;margin-top:10px}
19	#leftCol a,#rightCol a {display:block;padding:4px 10px; border-bottom:1px solid #E8E7D0}
20	#leftCol a:hover,#rightCol a:hover {background:#fff}
21	#leftCol {float:left}
22	#rightCol {float:right}

（3）用上述相同的方法修改其他两个网页，照片网页 sx3_1_photo.htm 和录像网页 sx3_1_video.htm。

10.4 "第4章 JavaScript 简介" 实训

1. 实训目的
熟练掌握在 HTML 文件中编写 JavaScript 程序的基本操作及在 IE 浏览器和 Firefox 浏览器中调试 JavaScript 的基本操作。

2. 实训内容
（1）下载、安装、设置第 4 章中用于 IE 浏览器的 Microsoft Script Debugger 调试软件。
（2）编写第 4 章中的示例源文件，并且分别在 IE 浏览器和 Firefox 浏览器中进行调试。
（3）调试一段 JavaScript 程序，找出其中的错误，分别在 IE 浏览器和 Firefox 浏览器中进行测试。

3. 实训操作步骤
（1）按"4.2 编辑与调试 JavaScript"中介绍的"3 调试软件"中有关用于 IE 浏览器的 JavaScript 调试软件下载、安装、设置步骤进行操作。
（2）编辑 ch4_01.htm 文件，将第 22 行：
document.write(document.lastModified);
改写为：
document.write(""+document.lastModified+"");

查看网页显示的不同效果,如图 10-8 所示,体会使用 document.write 语句不仅可以在浏览器中输出所需内容,还可以通过输出 HTML 的标记格式化其内容。

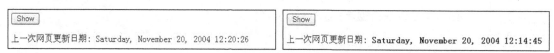

图 10-8　使用 document.write 语句的不同输出效果

(3)再次编辑 ch4_01.htm 文件,将第 22 行中的"document.write"改写为"document.writes",然后按步骤(1)和步骤(2)进行操作,得到如图 10-9 所示的效果,即不能显示"上一次网页更新日期"。这时,通过浏览器的调试工具查找出错的位置,修改后再次测试。

图 10-9　ch4_01.htm 程序出错时的网页效果

(4)按示例 4-2 的步骤,将示例 4-1 改写为 ch4_02.js 和 ch4_02.htm 两个文件,即通过外部 JavaScript 文件和 HTML 文件一起完成网页的制作。其中 ch4_02.js 文件也可以通过"记事本"软件编写。

(5)改写 ch4_01.htm 文件,使网页如图 10-10 上图所示显示,当用户单击"Show"按钮时,出现如图 10-18 下图所示的效果。将改写后的网页保存为 ch4_03.htm,并且在不同的浏览器中进行测试。

图 10-10　ch4_03.htm 的网页效果

10.5　"第 5 章　JavaScript 编程基础"实训

1.实训目的

熟练掌握 JavaScript 的基本编程概念和编程技术。

2.实训内容

(1)编写第 5 章中的示例源文件,并且分别在 IE 浏览器和 Firefox 浏览器中进行调试。

(2)找出下述程序的错误。

- 下面的程序有两个错误。

```
1  <script type="text/javascript">
2    var my code name = "测试循环语句...";
3    var n = 10;
4    for (var i=0; i<n; i++) {
```

```
5       if (i=6)
6         document.write("现在 i 是 " + i + "<br>");
7       }
8       document.write("最后 i 是 " + i);
9
10    </script>
```

其应得的结果是现在 i 是 6 最后 i 是 10

- 下面的程序有两个错误。

```
1     <script type="text/javascript">
2       var sum = getSum(10);
3       document.write("1-10 的总和是 " + sum);
4
5       var sum100 = getSum(100);
6       document.write("<br>1-100 的总和是 " + sum100);
7
8       document.write("<br>上述总和是 " + sum + sum100);
9
10      function getSum(n) {
11        var sum = 0;
12        for (var i=0; i<n; i++) {
13          sum += i;
14        }
15        return sum;
16      }
17    </script>
```

其应得的结果是:

> 1-10 的总和是 55
> 1-100 的总和是 5050
> 上述总和是 5105

- 下面的程序有一个错误。

```
1     <script type="text/javascript">
2       var apples = 12;
3       var kids = 3;
4       var msg = (apples >0 and apples % kids == 0) ? "可以均分" : "不能均分";
5       document.write(msg);
6     </script>
```

其应得的结果是:

> 可以均分

（3）编写一个显示学生成绩信息的网页，网页中有两个或更多的按钮，分别代表每个需要显示信息的学生，单击后可以得到该学生的总成绩、平均成绩、平均成绩的级别等，如图 10-11 所示，分别在 IE 浏览器和 Firefox 浏览器中进行测试。

3. 实训操作步骤

（1）在 C:\html_ex 文件夹中新建一个 ch5_08.htm。

图 10-11 实训网页效果

（2）改写示例 5-5，其功能不变，即计算输入参数的总和，但是函数名改为 sum，函数的返回值是计算后的总和数。

```
function sum() {
  var ret = 0;  // ret 为输入参数的总和
  ...
  return ret;
}
```

（3）用上述同样的方法编写一个计算输入参数平均数的函数，函数名改为 average，函数的返回值是计算后的平均数。

```
function average() {
  var ret = 0;  // ret 为输入参数的平均数
  ...
  return ret;
}
```

（4）编写一个函数，函数名为 level，根据输入的参数——学生的分数返回该分数的级别：90 及以上为"A"，80 及以上为"B"，70 及以上为"C"，其他为"不及格"。函数中可以通过使用 if - else if 语句来实现上述功能。

```
function level(score) {
  var ret = "";  // ret 为需要返回的分数级别
  if (score>=90)
     ...
  else if (score>=80)
     ...
   else
     ...
  return ret;
}
```

（5）编写一个函数，函数名为 msg，根据输入的参数——学生的分数的级别返回不同的信息：如果级别是"A"，返回"祝贺你取得了好成绩"；如果级别是"B"，返回"成绩不错，继续加油"；如果级别是"C"，返回"必须加油啊"。函数中可以通过使用 switch - case 语句来实现上述功能。

```
function msg(level) {
  var ret = "";  // ret 为需要返回的信息
  switch (level) {
    case ("A"):
      ...
    case ("B"):
      ...
```

```
        }
        return ret;
    }
```

（6）编写一个对象函数，函数名为 student，输入参数共有 6 项，分别为：

```
    学生姓名：name
    数学成绩：math
    语文成绩：chinese
    英语成绩：english
    自然成绩：science
    体育成绩：gym
```

对象的属性包括了上述的输入参数项，对象的方法共有 5 个，分别为：

```
    得到总成绩：sum
    得到平均成绩：ave
    得到平均成绩的级别：level
    得到根据平均成绩的级别发出的信息：msg
    总信息：toString()
```

其中，前面 4 个对象方法已在步骤（2）~（5）中完成，最后一个方法"总信息 toString()"可以在对象函数中直接定义，它将返回最终需要显示的所有信息，如图 10-11 所示。

```
function student(name,math,chinese,english,science,gym) {
  this.name = name;
  …
  this.toString = function toString(){
    var s = this.name + ":\n";
    var theSum = …;
    var theAve = …;
    var theLevel = this.level(theAve);
    s += "你的总成绩是 " + theSum + "\n";
    …
    return s;
  }
}
```

（7）最后制作 HTML 的内容——两个按钮，然后分别应用 onclick 事件调用对象 student 的方法 toString()。

完整的程序内容如下：

```
1   <html>
2   <head>
3   <script type = "text/javascript" >
4   <!--
5     function sum() {
6       var ret = 0;    // ret 为输入参数的总和
7       for (var i=0; i<arguments.length; i++) {
8         ret += arguments[i];
9       }
10      return ret;
11    }
12    function average() {
```

```
13      var ret = 0;    // ret 为输入参数的平均数
14      for (var i=0; i<arguments.length; i++) {
15          ret += arguments[i];
16      }
17      return ret/arguments.length;
18  }
19  function level(score) {
20      var ret = "";   // ret 为需要返回的分数级别
21      if (score>=90)
22        ret = "A";
23      else if (score>=80)
24        ret = "B";
25      else if (score>=70)
26       ret = "C";
27          else
28       ret = "不合格";
29
30      return ret;
31  }
32  function msg(level) {
33      var ret = "";   // ret 为需要返回的信息
34      switch (level) {
35        case ("A"):
36            ret = "祝贺你取得了好成绩";
37          break;
38        case ("B"):
39            ret = "成绩不错,继续加油";
40          break;
41        default:
42            ret = "必须加油啊";
43      }
44      return ret;
45  }
46  function student(name,math,chinese,english,science,gym) {
47      this.name = name;
48      this.math = math;
49      this.chinese = chinese;
50      this.english = english;
51      this.science = science;
52      this.gym = gym;
53      this.sum = sum;
54      this.ave = average;
55      this.level = level;
56      this.msg = msg;
57      this.toString = function toString(){
58        var s = this.name + ":\n";
59        var theSum = this.sum(this.math,this.chinese,this.english,this.science,
```

```
60          var theAve = this.ave(this.math,this.chinese,this.english,this.science,
            this.gym);
61          var theLevel = this.level(theAve);
62          s += "你的总成绩是 " + theSum + "\n";
63          s += "你的平均成绩是 " + theAve + "\n";
64          s += "你的平均成绩级别是 " + theLevel + "\n";
65          s += "\n" +this.msg(theLevel);
66          return s;
67        }
68      }
69  //-->
70  </script>
71  </head>
72  <body>
73    <input type="button" value=" 小明 " onclick="alert((new student(' 小明
    ',90,98,86,87,97)).toString())">
74    <input type="button" value=" 小红 " onclick="alert((new student(' 小红
    ',90,98,86,87,17)).toString())">
75  </body>
76  </html>
```

10.6 "第6章 JavaScript常用内置对象"实训

1．实训目的

熟练掌握JavaScript数组对象、字符串对象、数学对象及日期对象。

2．实训内容

（1）编写第6章中的示例源文件，并且分别在IE浏览器和Firefox浏览器中进行调试。

（2）按下述要求编写常用的JavaScript函数。

trim(s)：去掉s中的首尾空格及连续空格中的多余空格，返回处理后的字符串。

replaceStr（inStr, oldStr, newStr)：将字符串inStr中的oldStr用newStr替换，返回替换后的新字符串。

isEmptyString(s)：如果去空格后的s长度为0，返回true；否则，返回false。

isValidString(s)：给出有效字符串，如果s在有效字符串中，返回true；否则，返回false。

isNumber(s)：使用isValidString(s)函数，其中有效字符串为数字。

isFloat(s)：使用isValidString(s)函数，其中有效字符串为数字及"．"。

isMaxString(s,c)：如果s长度小于等于c，返回true；否则，返回false。

isMinString(s,c)：如果s长度大于等于c，返回true；否则，返回false。

isRange(s,s1,s2)：如果s大于等于s1，并且小于等于s2，返回true；否则，返回false。

isArray(o)：如果o的constructor.toString()中包含array，返回true；否则，返回false。

isEmail(s)：如果s中包含字符"@"和"．"；返回true；否则，返回false。

capFirst(s)：将s中的第一个字符变为大写字符，返回处理后的字符串。

indexOfArray(a,s)：如果s为Array a中的一个元素，返回该元素的序列号；否则，返回-1。

（3）编写一个"猜美国州名游戏"的网页，如图 10-12 所示。

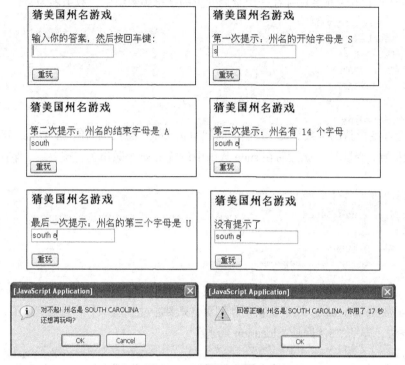

图 10-12 实训网页效果

- 用户输入所猜的美国州名后，按回车键。
- 如果猜错了，将会得到提示信息，一共有 4 次提示，第一次提示的是该州名的第一个字母，第二次提示的是该州名的最后一个字母，第三次提示的是该州名的长度，最后一次提示的是该州名的第三个字母。
- 如果猜对了，将会得到祝贺信息，并显示回答问题的时间。

3．实训操作步骤

（1）在 C:\html_ex 文件夹中新建一个 ch6_16.htm。

（2）首先编写 HTML 文件，其中：

- <body>标记中应用 onload 事件调用 JavaScript 的 clearBox()函数，用于每次刷新网页时都清空用户输入域；
- 使用<h3>标记制作标题"猜美国州名游戏"；
- 制作一对<form>标记，它的名字为 mForm，并且在<form>标记中应用 onsubmit 事件，该事件将调用 JavaScript 的 guessit()函数，然后 return false，以保证用户输入完文字后按回车键将不会提交窗体，只是执行 guessit()函数。
- 在<form>标记中制作一对<div>标记，其 id 为 hint，其内容为"输入你的答案，然后按回车键"；
- 接着再制作一对<div>标记，在其中使用<input>的文本框标记，用于用户的输入，其名字为 guess；
- 接着再制作一个"重玩"按钮，在其中应用 onclick 事件调用 JavaScript 的 newGame()函数。

（3）在 JavaScript 程序中，按下述步骤操作。
- 首先将美国 50 个州名保存在一个全局变量的字符串数组中，数组名为 state。

```
var state = new Array(50);
state[0]= "ALABAMA";
state[1]= "ALASKA";
state[2]= "ARIZONA";
state[3]= "ARKANSAS";
...
state[49]= "WYOMING";
```

- 设置全局变量猜的次数 tries、开始的时间 startTime、结束的时间 endTime，随机产生一个 0～49 中的随机数，变量名为 sr,然后在 state 数组中设置第 sr 个数组为正确答案，保存在全局变量 answer 中。

```
var tries = 0;
var startTime = new Date();
var endTime = "";
var len = state.length;
var sr = Math.floor(Math.random() * len);
var answer = state[39];
```

- 编写函数 newGame()，用于重新刷新网页，只要通过下述一个语句就可以了，有关该语句的具体使用方法，详见"8.4 网址（location）对象"。

```
location.reload();
```

- 编写函数 clearBox ()，用于清空用户输入域，初始化提示信息文字，并且将光标聚集在用户输入域上，其中有关 document.getElementById("mForm")和 hint.innerHTML 的使用方法详见"7.3.1 动态改变网页内容"。

```
function clearBox()
{
   document.getElementById("mForm").guess.value = "";
   hint.innerHTML = "输入你的答案，然后按回车键";
   document.getElementById("mForm").guess.focus();
}
```

- 编写函数 diffTime(from,to)，用于得到用户回答所用的秒数，其中 from 和 to 都是 Date 对象。

```
function diffTime(from,to) {;
  var diffTime = parseInt((to - from) / 1000);
  return diffTime;
}
```

- 最后编写分析用户是否猜中的函数 guessit()。首先得到用户的输入内容，变量名为 guess。然后将用户的输入内容 guess 与正确答案 answer 比较，如果输入正确，通过函数 diffTime()得到用户所使用的秒数。如果小于 60 秒，显示"回答正确！ 州名是……，你用了……秒"；如果多于 60 秒，显示"回答正确！州名是……，不过你用了太长的时间"。最后重新刷新网页。如果用户输入不正确，通过使用 switch-case 语句，对于不同的猜的次数显示不同的显示内容，第一次通过 answer.charAt(0)显示第一个字母，第二次通过 answer.charAt(answer.length-1)显示最后一个字母，第三次通过 answer.length 显示答案的长度，最后一次通过 answer.charAt（2）显示第三个字母；如果用户还是没有猜中，显示"没有提示了"；如果用户再按回车键，则显示"对不起，州名是……

还想再玩吗？"；如果再玩，则重新刷新网页。

完整的程序内容如下：

```
1   <html>
2   <head>
3   <script type = "text/javascript" >
4   <!--
5    var state = new Array(50);
6    var len = state.length;
7    /* 初始化数组 */
8    state[0]="ALABAMA";
9    state[1]="ALASKA";
10   state[2]="ARIZONA";
11   state[3]="ARKANSAS";
12   state[4]="CALIFORNIA";
13   state[5]="COLORADO";
14   state[6]="CONNECTICUT";
15   state[7]="DELAWARE";
16   state[8]="FLORIDA";
17   state[9]="GEORGIA";
18   state[10]="HAWAII";
19   state[11]="IDAHO";
20   state[12]="ILLINOIS";
21   state[13]="INDIANA";
22   state[14]="IOWA";
23   state[15]="KANSAS";
24   state[16]="KENTUCKY";
25   state[17]="LOUISIANA";
26   state[18]="MAINE";
27   state[19]="MARYLAND";
28   state[20]="MASSACHUSETTS";
29   state[21]="MICHIGAN";
30   state[22]="MINNESOTA";
31   state[23]="MISSISSIPPI";
32   state[24]="MISSOURI";
33   state[25]="MONTANA";
34   state[26]="NEBRASKA";
35   state[27]="NEVADA";
36   state[28]="NEW HAMPSHIRE";
37   state[29]="NEW JERSEY";
38   state[30]="NEW MEXICO";
39   state[31]="NEW YORK";
40   state[32]="NORTH CAROLINA";
41   state[33]="NORTH DAKOTA";
42   state[34]="OHIO";
43   state[35]="OKLAHOMA";
44   state[36]="OREGON";
45   state[37]="PENNSYLVANIA";
```

```javascript
46      state[38]="RHODE ISLAND";
47      state[39]="SOUTH CAROLINA";
48      state[40]="SOUTH DAKOTA";
49      state[41]="TENNESSEE";
50      state[42]="TEXAS";
51      state[43]="UTAH";
52      state[44]="VERMONT";
53      state[45]="VIRGINIA";
54      state[46]="WASHINGTON";
55      state[47]="WEST VIRGINIA";
56      state[48]="WISCONSIN";
57      state[49]="WYOMING";
58    var sr = Math.floor(Math.random() * len);
59    var answer = state[sr];
60
61    /* 初始化猜的次数 */
62    var tries = 0;
63    var startTime = new Date();
64    var endTime = "";
65    var hint = document.getElementById("hint");
66    function guessit()
67    {
68      var guess = document.getElementById("mForm").guess.value;
69      if (guess.toUpperCase() == answer)   {
70        endTime = new Date();
71        var diff = diffTime(startTime,endTime);
72        var msg = "";
73        if (diff<60)
74          msg = "你用了 " + diff + " 秒";
75        else
76          msg = "不过你用了太长的时间";
77        alert("回答正确！州名是 " + answer + ", " + msg);
78          newGame();
79      }
80      tries++;
81      switch(tries)
82      {
83        case 1:
84            hint.innerHTML = "第一次提示：州名的开始字母是 " + answer.charAt(0);
85            break;
86        case 2:
87            hint.innerHTML = "第二次提示：州名的结束字母是 " + answer.charAt(answer.length - 1);
88            break;
89        case 3:
90            hint.innerHTML = "第三次提示：州名有 " + answer.length + " 个字母";
91            break;
92        case 4:
93            hint.innerHTML = "最后一次提示：州名的第三个字母是 " + answer.charAt(2);
94            break;
```

```
 95            default:
 96                hint.innerHTML = "没有提示了";
 97        }
 98        if (tries == 6) {
 99            if (confirm("对不起! 州名是 " + answer + "\n 还想再玩吗?"))
100                newGame();
101        }
102    }
103    function clearBox()
104    {
105      document.getElementById("mForm").guess.value = "";
106      hint.innerHTML = "输入你的答案,然后按回车键:";
107      document.getElementById("mForm").guess.focus();//光标聚集在文本框
108    }
109    function newGame()
110    {
111        location.reload();   // 重新刷新网页
112    }
113    function diffTime(from,to) {;
114        var diffTime = parseInt((to - from) / 1000);
115        return diffTime;
116    }
117 //-->
118 </script>
119 </head>
120 <body onload="clearBox();">
121         <h3>猜美国州名游戏</h3>
122         <form name="mForm" method="post" onsubmit="guessit();return false;">
123             <div id="hint">输入你的答案,然后按回车键:</div>
124             <div><input type="text" name="guess"></div>
125             <br>
126             <div><input type="button" value="重玩" onClick=newGame()></div>
127         </form>
128 </body>
129 </html>
```

10.7 "第 7 章 JavaScript 常用文档对象" 实训

1. 实训目的
熟练掌握 JavaScript 文档对象、窗体及其元素对象、锚点与链接对象及图像对象。

2. 实训内容
(1) 编写第 7 章中的示例源文件,并且分别在 IE 浏览器和 Firefox 浏览器中进行调试。
(2) 编写一个"学生成绩输入系统"的网页,如图 10-13 所示。假设有 4 名学生,他们的信息如表 10-1 所示。网页列表中列出了学生名单,当选择一个学生姓名时,浏览器标题栏显示该学生姓名,网页上显示该学生的照片,同时电子邮件链接为该学生的电子邮件地址;用户输入所选学生成绩后,单击"提交"按钮将进行下述窗体校验。

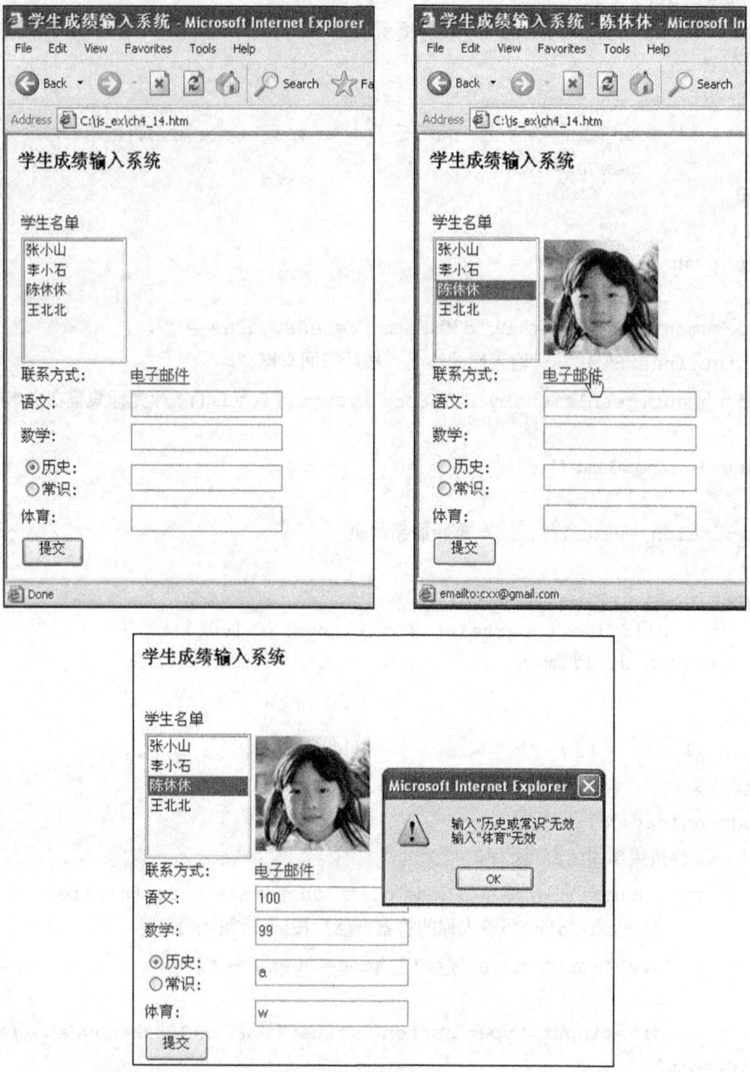

图 10-13　实训网页效果

表 10-1　　　　　　　　　　　　　　　实训内容

姓　　名	学　　号	图　片　名	电 子 邮 件
张小山	001	001.gif	zxs@hotmail.com
李小石	002	002.gif	lxs@yahoo.com
陈休休	003	003.gif	cxx@gmail.com
王北北	004	004.gif	wbb@hotmail.com

- 各项必须填写或选择。
- 除体育成绩外，其他成绩都是数字，并且小于 100；体育为一位字符，A~F。

3．实训操作步骤

（1）在 C:\html_ex 文件夹中新建一个 ch7_17.htm。

（2）首先，如图 10-24 所示编写 HTML 文件，其中：
- 学生列表名字为 nameList，列表选项各值分别为学生的学号；
- "语文"文本框名字为 chinese；
- "数学"文本框名字为 math；
- "历史、常识"单选钮名字为 optSelect，其文本框名字为 another；
- "体育"文本框名字为 gym；
- <body>标记中应用 onload 事件调用 JavaScript 的 clearAll()函数；
- <form>标记名字为 mainForm；
- 学生列表<select>标记中应用 onchange 事件调用 doSelect()函数；
- "提交"按钮上应用 onclick 事件调用 doSubmit()函数。

（3）编写 JavaScript 文件，其中：
- 设置全局变量 emails 装载学生的电子邮件信息；
- 设置全局变量 errMsg 装载出错信息；
- 编写 clearAll()函数，清空窗体中的用户输入内容，各项设置如图 10-14 左上图所示；
- 编写 doSelect()函数，根据用户在学生列表中的选项，在网页标题栏中显示学生名字，在网页中显示学生图片，修改电子邮件的链接为学生的电子邮件地址；
- 编写 checkRequired（id,label）通用函数，用于检验用户是否填写或选择了指定的域，其中 form 为窗体对象，name 为所要检查域的名字，label 为提示信息中的域名。当用户没有填写或选择指定的域时，将出错信息添加到 errMsg 字符串中；
- 编写 isScore(s)函数，用于检验 s 是否是数字，并且小于等于 100。如果满足条件，返回 true，否则返回 false；
- 编写 checkScore（id,label）函数，用于检验用户输入的是否是分数。当不满足条件时，将出错信息添加到 errMsg 字符串中；
- 编写 checkGym()函数，用于检验用户输入的是否是 A～F。当不满足条件时，将出错信息添加到 errMsg 字符串中；
- 最后编写 doSubmit()函数，用上述各函数检验各输入域。最后如果 errMsg 为空，则提交窗体，否则报出错信息。

完整的程序内容如下：

```
1   <html>
2   <head>
3    <title>学生成绩输入系统</title>
4   <script type = "text/javascript" >
5   <!--
6     var emails = new Object();
7     emails["001"]="zxs@hotmail.com";
8     emails["002"]="lxs@yahoo.com";
9     emails["003"]="cxx@gmail.com";
10    emails["004"]="wbb@hotmail.com";
11    var errMsg = "";
12
13    function doSelect() {
14      var selected = document.getElementById("nameList").selectedIndex;
```

```javascript
15          var selectedValue = document.getElementById("nameList").options[selected].value;
16          var selectedText = document.getElementById("nameList").options[selected].text;
17   document.getElementById("studentImage").src = selectedValue + ".gif";
18   document.getElementById("email").href ="emailto:"+emails[selectedValue];
19   document.title = "学生成绩输入系统 - " + selectedText
20  }
21  function clearAll() {
22   document.getElementById("nameList").selectedIndex=-1;
23   document.getElementById("chinese").value="";
24   document.getElementById("math").value="";
25   document.getElementById("optSubject1").click();
26   document.getElementById("another").value="";
27   document.getElementById("gym").value="";
28  }
29  function checkRequired( id,myLabel) {
30   if (document.getElementById(id).value=="")
31     errMsg += '请输入"'+ myLabel +'"\n';
32    }
33    function isScore(s) {
34     for (var i = 0; i < s.length; i++){
35     var c = s.charAt(i);
36     if (((c < "0") || (c > "9"))) return false;
37     }
38     if (parseInt(s)>100) return false;
39     return true;
40    }
41    function checkScore(id, myLabel) {
42        if (document.getElementById(id).value.length>0 && !isScore(document.getElementById(id).value))
43      errMsg += '输入"'+ myLabel +'"无效\n';
44    }
45    function checkGym() {
46     var gymScore = document.getElementById("gym").value;
47     var isValidString = true;
48     if (gymScore.length>0) {
49        if (gymScore.length!=1) isValidString = false;
50         var validChars = "abcdef";
51         var c = gymScore.toLowerCase();
52    if (validChars.indexOf(c) == -1)
53           isValidString = false;
54     }
55     if (!isValidString)
56      errMsg += '输入"体育"无效\n';
57    }
58  function doSubmit() {
59    checkRequired("nameList","学生姓名");
60    checkRequired("chinese","语文");
61    checkScore("chinese","语文");
62    checkRequired("math","数学");
```

```
63        checkScore("math","数学");
64        checkRequired("another","历史或常识");
65        checkScore("another","历史或常识");
66        checkRequired("gym","体育");
67        checkGym();
68        if (errMsg.length>0) {
69         alert(errMsg);
70         errMsg="";
71         return;
72        }
73        else
74        document.getElementById("mainForm").submit();
75
76       }
77      //-->
78      </script>
79     <style type="text/css">
80       #nameList {float:left;width:100px;height:150px}
81       #studentImage {float:left;display:block}
82       br{clear:both}
83       label, a {float:left;width:100px;display:block}
84       input, span {float:left}
85     </style>
86     </head>
87     <body onload="clearAll();">
88     <h1>学生成绩输入系统</h1>
89     <form name="mainForm" id="mainForm">
90       <select name="nameList" id="nameList" size="6" onchange="doSelect();">
91         <option value="001">张小山</option>
92         <option value="002">李小石</option>
93         <option value="003">陈休休</option>
94         <option value="004">王北北</option>
95       </select>
96       <img src="blank.gif" id="studentImage" alt="studentImage">
97       <br>
98       <label for="email">联系方式:</label>
99       <a href="#" id="email">电子邮件</a><br>
100      <label for="chinese">语文:</label>
101      <input type="text" name="chinese" id="chinese"><br>
102      <label for="math">数学:</label>
103      <input type="text" name="math" id="math"><br>
104      <label for="another"><input type="radio" name="optSubject" id="optSubject1" checked><span>历史: </span>
105      <input type="radio" name="optSubject" id="optSubject2"><span>常识: </span></label>
106      <input type="text" name="another" id="another"><br>
107      <label for="gym">体育:</label>
108      <input type="text" name="gym" id="gym"><br>
109      <input type="button" value=" 提交 " onclick="doSubmit();"><br>
110    </form>
```

```
111    </body>
112    </html>
```

10.8 "第 8 章 JavaScript 其他常用窗口对象"实训

1. 实训目的

熟练掌握 JavaScript 屏幕对象、浏览器信息对象、窗口对象、网址对象、历史记录对象及框架对象。

2. 实训内容

(1) 编写第 8 章中的示例源文件,并且分别在 IE 浏览器和 Firefox 浏览器中进行调试。

(2) 编写一个"学生成绩查阅系统"的网页,如图 10-14 上图所示。它包含了左、中、右 3 个框架文件,左、右两个框架中的 HTML 文件具有相同的格式、不同的学生内容。当拖曳其中任意一个滚动条时,另外一个网页将会同步滚动,如图 10-14 中图所示。中间一个框架包含了 3 个按钮,单击第 1 个按钮,左边网页将充满全屏幕,如图 10-14 下图所示;单击第 2 个按钮,右边网页将充满全屏幕;单击第 3 个按钮,还原到默认状态。

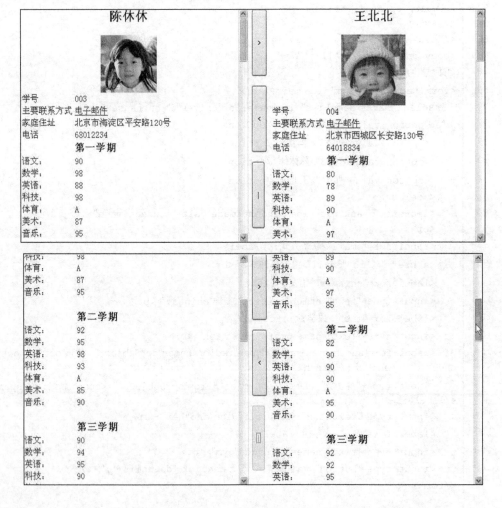

图 10-14 实训网页效果

3．实训操作步骤

（1）在 C:\html_ex 文件夹中新建一个 ch8_14.htm。它将包含 3 个框架文件，左框架的 id 是 frame1，网页文件名是 ch8_14_fram1.htm；右框架的 id 是 frame2，网页文件名是 ch8_14_frame2.htm；中间框架的 id 是 frame0，网页文件名是 ch8_14_frame0.htm。

（2）如图 10-14 所示编写左、右两个框架的网页文件，在<body>标记中应用 onscroll 事件，在调用的 JavaScript 程序中让另一个框架中的文档的 scrollTop 与当前框架的 scrollTop 相等（有关 scrollTop 的属性详见 "7.3.2 动态改变网页样式"），以达到同步滚动的效果。

（3）编写中间框架的网页文件，包含 3 个按钮，id 分别为 b1、b2 和 b3，分别应用 onclick 事件，在调用的 JavaScript 程序中通过 parent.document.body.cols 语句调整框架的宽度，并且使刚按过的按钮不能再按。

完整的程序内容如下。

ch8_14.htm：

```
1  <html>
2  <frameset cols="50%,30,*">
3    <frame src="ch5_14_frame1.htm" name="frame1" noresize frameborder="0" margin-width="0" marginheight="0">
4    <frame src="ch5_14_frame0.htm" name="frame0" noresize frameborder="0" marginwidth="0" marginheight="0">
5    <frame src="ch5_14_frame2.htm" name="frame2" noresize frameborder="0" marginwidth="0" marginheight="0">
6  </frameset>
7  </html>
```

ch8_14_frame1.htm：

```
1  <html>
2  <body onscroll= "parent.frame2.document.body.scrollTop= parent.frame1.document.body.scrollTop" style="text-align:center">
3  <h2>陈休休</h2>
4  <div><img src="003.gif"></div>
5  <table>
6    <tr><td>学号</td><td>003</td></tr>
```

7	`<tr><td>主要联系方式</td><td><a href="#">电子邮件</a></td></tr>`
8	`<tr><td>家庭住址</td><td>北京市海淀区平安路120号</td></tr>`
9	`<tr><td>电话</td><td>68012234</td></tr>`
10	`<tr><td> </td><td><h3>第一学期</h3></td></tr>`
11	`<tr><td>语文：</td><td>90</td></tr>`
12	`<tr><td>数学：</td><td>98</td></tr>`
13	`<tr><td>英语：</td><td>88</td></tr>`
14	`<tr><td>科技：</td><td>98</td></tr>`
15	...
16	`</table>`
17	`</body>`
18	`</html>`

ch8_14_frame2.htm：

1	`<html>`
2	`<body onscroll="parent.frame1.document.body.scrollTop= parent.frame2.document.body.scrollTop" style="text-align:center">`
3	`<h2>王北北</h2>`
4	`<div><img src="004.gif"></div>`
5	`<table>`
6	`<tr><td>学号</td><td>004</td></tr>`
7	`<tr><td>主要联系方式</td><td><a href="#">电子邮件</a></td></tr>`
8	`<tr><td>家庭住址</td><td>北京市西城区长安路130号</td></tr>`
9	`<tr><td>电话</td><td>64018834</td></tr>`
10	`<tr><td> </td><td><h3>第一学期</h3></td></tr>`
11	`<tr><td>语文：</td><td>80</td></tr>`
12	`<tr><td>数学：</td><td>78</td></tr>`
13	`<tr><td>英语：</td><td>89</td></tr>`
14	`<tr><td>科技：</td><td>90</td></tr>`
15	...
16	`</table>`
17	`</body>`
18	`</html>`

ch8_14_frame0.htm：

1	`<html>`
2	`<head>`
3	`<script language='JavaScript'><!--`
4	`function controler(flag) {`
5	`  if (flag==1) {`
6	`     parent.document.body.cols='99%,30,0';`
7	`     document.getElementById('b2').disabled=false;`
8	`     document.getElementById('b1').disabled=true;`
9	`     document.getElementById('b3').disabled=false;`
10	`  }`
11	`  else if (flag==2) {`
12	`     parent.document.body.cols='0,30,99%';`
13	`     document.getElementById('b1').disabled=false;`
14	`     document.getElementById('b2').disabled=true;`
15	`     document.getElementById('b3').disabled=false;`

```
16        }
17        else {
18            parent.document.body.cols='50%,30,*';
19            document.getElementById('b1').disabled=false;
20            document.getElementById('b2').disabled=false;
21            document.getElementById('b3').disabled=true;
22        }
23    }
24    //--></script>
25    </head>
26    <body style="margin:0;padding:0;text-align:left;">
27    <input type="button" value=">" style="padding-top:50px;padding-bottom:50px;" onclick="controler(1)" id="b1"><p>
28    <input type="button" value="<" style="padding-top:50px;padding-bottom:50px;" onclick="controler(2)" id="b2"><p>
29    <input type="button" value="|" style="padding-top:50px;padding-bottom:50px;" onclick="controler(3)" id="b3">
30    </body>
31    </html>
```

10.9 "第 9 章 JavaScript 实用技巧" 实训

1. 实训目的

熟悉 JavaScript 常用的实用技巧。

2. 实训内容

(1) 编写第 9 章中的示例源文件,并且分别在 IE 浏览器和 Firefox 浏览器中进行调试。

(2) 制作一个如图 10-15 所示的广告页效果,上方的画面为一个 Flash 动画广告,为了让用户欣赏该广告,设置一个 5s 等候进度条,5s 后,将自动进入设定的网页中。

3. 实训操作步骤

(1) 在 C:\html_ex 文件夹中新建一个 ch9_22.htm。

(2) 首先制作 HTML 部分的内容,通过<table>标记进行版面分布,广告画面可以使用<iframe>标记链接到所需要的广告地址上,下方的进度条和进度百分数使用<input>标记,并且通过样式设置去掉外框线,其中设置进度条的 id 是 bar,百分数的 id 是 percent。

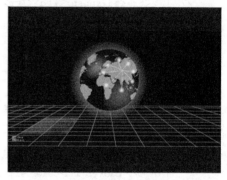

图 10-15 实训网页效果

(3) 制作 JavaScript 函数,每隔一定的时间刷新进度条和百分数,进度条用字符"|"组成,当百分数到达 100%时,将网页转到指定的地址中。

完整的程序内容如下:

```
1    <html>
2    <head>
3    <script type="text/javascript"> <!--
4      var c = 0;
```

```
 5      var delta = "||";
 6      var bars ="||";
 7
 8      function waitingBar() {
 9        c = c + 2;
10        bars = bars + delta;
11        document.getElementById("bar").value = bars;
12        document.getElementById("percent").value = c+"%";
13        if (c<99)
14          setTimeout("waitingBar()",200);
15        else
16          location.href = "http://www.usitd.com";
17      }
18  --></script>
19  </head>
20  <body onload="waitingBar();" style="background-color:#fff">
21  <table width="400" align="center" style="margin-top:80px">
22    <tr>
23      <td align="center"><!--广告链接-->
24        <iframe src= "http://www.a4flash.com/lib/ads/galleries/flashtemp.php?tempid=INT006"width="400" height="300"frameborder="no"border="0"marginwidth="0" marginheight= "0" scrolling="no"></iframe>
25      </td>
26    </tr>
27    <tr><td> </td></tr>
28    <tr>
29      <td align="center">页网载入中，请稍候</td>
30    </tr>
31    <tr><td>
32      <input type="text" id="bar" size=46 style="font-family:Arial; font-weight: bolder; color:black; background-color:#EAEAEA; padding:0px; border-style:none;">
33    </td></tr>
34    <tr><td>
35      <input type="text" id="percent" size=46 style="font-family:Arial; bolder;color: black; background-color:#fff;text-align:center; border-style:none;">
36    </td></tr>
37  </table>
38  </body>
39  </html>
```